全国高职高专教育规划教材

全国高等学校（安徽考区）计算机水平考试一级配套教材

计算机应用基础实训及考试指导

Jisuanji Yingyong Jichu Shixun ji Kaoshi Zhidao

郑尚志　主编

李华平　李小荣　高淑香　张兴元　副主编

高等教育出版社·北京

HIGHER EDUCATION PRESS　BEIJING

内容简介

　　本书是在安徽省教育厅、安徽省教育招生考试院等有关部门的指导和支持下编写的全国高职高专教育规划教材，是郑尚志主编的《计算机应用基础》的配套教材。本书根据"全国高等学校（安徽考区）计算机水平考试一级（111）考试大纲（最新稿）"编写而成，全书分为四篇：第一篇为上机实训，针对教材各章节中的内容，精选实训，精心设计和安排相应的实训内容，每个实训都给出具体的操作步骤，有利于学生尽快掌握必备的操作技能；第二篇为模拟练习题，按主教材章节，从最新试题库中精选出一些典型试题并附参考答案，以帮助学生掌握所学知识及技能；第三篇为考试大纲；第四篇为考试练习系统的介绍。

　　本书所附光盘中提供的全国高等学校（安徽考区）计算机水平考试一级最新题库练习系统有随机组卷、选择成套试卷两种方式，便于读者进行模拟练习，更好地准备复习考试，提高考试通过率。

　　本书可作为各类高等职业院校计算机入门课程教材，也可作为参加全国高等学校（安徽考区）计算机水平考试一级的参考书，也可供各类培训、计算机从业人员和爱好者参考使用。

图书在版编目（CIP）数据

计算机应用基础实训及考试指导 / 郑尚志主编. —北京：高等教育出版社，2011.8
ISBN 978-7-04-033141-7

Ⅰ.①计…　Ⅱ.①郑…　Ⅲ.①电子计算机-高等职业教育-教学参考资料　Ⅳ.①TP3

中国版本图书馆 CIP 数据核字（2011）第 153397 号

策划编辑　洪国芬	责任编辑　洪国芬	封面设计　杨立新		版式设计　马敬茹
责任校对　胡晓琪	责任印制　尤　静			

出版发行	高等教育出版社	咨询电话	400 - 810 - 0598
社　　址	北京市西城区德外大街 4 号	网　　址	http://www.hep.edu.cn
邮政编码	100120		http://www.hep.com.cn
印　　刷	大厂益利印刷有限公司	网上订购	http://www.landraco.com
开　　本	787mm × 1092mm　1/16		http://www.landraco.com.cn
印　　张	11.75	版　　次	2011 年 8 月第 1 版
字　　数	270 千字	印　　次	2011 年 8 月第 1 次印刷
购书热线	010 - 58581118	定　　价	23.60 元（含光盘）

本书如有缺页、倒页、脱页等质量问题，请到所购图书销售部门联系调换
版权所有　侵权必究
物 料 号　33141 - 00

前　　言

在安徽省教育厅、安徽省教育招生考试院等有关部门的指导及支持下，高等教育出版社组织了全省多所院校多年从事教学、科研的具有丰富教学经验的一线教师，编写了《计算机应用基础》、《计算机应用基础实训及考试指导》等新的系列配套教材。

本系列教材具有以下明显特征：

1. 编写指导思想：理论够用、操作熟练；任务驱动、重在实践；方便自学、考试过关。

2. 教材结构和体例：理论和实践部分，教学练习系统和教材素材资源部分。

3. 教材内容与时俱新：结合各学期教学和期末考试的需要，通过教学练习系统软件的升级，保持教材内容不断更新。

另外，在本教材配套光盘中包括了练习系统和主教材、实训教材的相关素材以及主教材各章节后自测题的参考答案，对学生掌握课程内容、教师授课及学生顺利通过考试具有重要的作用。若需电子课件等其他教学资源，请发邮件至 honggf@hep.com.cn 索取。

本教材由郑尚志担任主编，李华平、李小荣、高淑香、张兴元担任副主编。第一篇由郑尚志、梅华锋、张小奇、张锐、林徐、高淑香、李小荣、李华平、徐铁波、王家峰、张兴元共同编写；第二、三篇和附录由郑尚志编写；第四篇由郑尚志、贾平共同编写。全书由郑尚志统稿。

在本教材的编写过程中，本省高校的其他同仁也给予了关心和帮助，在此一并表示感谢。

由于编者水平有限，书中不足之处，敬请广大读者批评指正。

编者

2011 年 7 月

目 录

第一篇 上机实训

第二篇 模拟练习题

第三篇 考 试 大 纲

第四篇 考试练习系统

第一篇

上机实训

第1章

计算机基础知识

实训1 计算机的认识及操作

一、实训目标

1. 了解计算机的基本组成、操作系统。
2. 掌握相关的简单操作。

二、实训内容

1. 计算机的认识及操作。
2. 开机及桌面认识。
3. 鼠标及操作。

三、实训步骤

操作1 硬件认识

① 台式计算机，如图1-1所示，学生可在老师的引导下熟悉计算机基本组成。
② 笔记本计算机及常见接口，如图1-2所示。
③ 主机结构，如图1-3所示为一台式计算机主机拆开侧盖后所呈现的机箱内部组成图。
④ 硬盘，如图1-4所示为常见的计算机硬盘。
⑤ 闪存，又称U盘，常见的U盘如图1-5所示。
⑥ 光驱，图1-6为一款普通光驱的外观图。

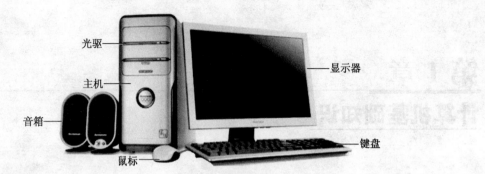

光驱
主机
音箱
鼠标
显示器
键盘

图 1-1 一般台式机的组成

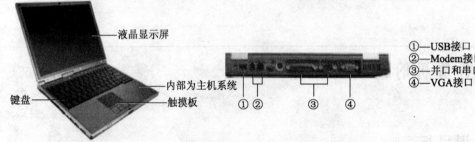

液晶显示屏
键盘
内部为主机系统
触摸板

①—USB接口
②—Modem接口和以太网接口
③—并口和串口
④—VGA接口

① ② ③ ④

图 1-2 常见笔记本计算机及其接口

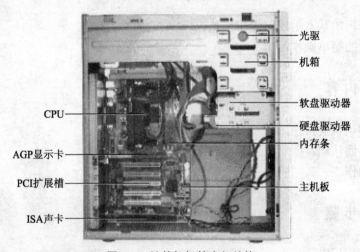

CPU
AGP显示卡
PCI扩展槽
ISA声卡

光驱
机箱
软盘驱动器
硬盘驱动器
内存条
主机板

图 1-3 计算机机箱内部结构

图 1-4 电脑硬盘　　　　图 1-5 常见 U 盘　　　　图 1-6 电脑光驱

操作 2 开机及桌面认识

按下计算机机箱面板上的电源按钮，计算机即自动开始启动过程，启动过程需要一段时间（不同机器启动时间不同），直到出现如图 1-7 所示的"系统桌面"，系统启动成功。

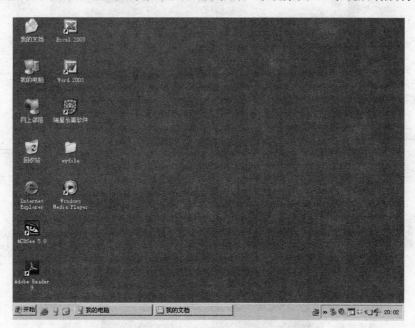

图 1-7　Windows XP 系统桌面

不同的计算机的系统桌面由于硬件配置、系统设置的不同而有所不同，但桌面的总体布局基本一致，即都由桌面背景、快捷图标、任务栏三大部分组成。在桌面上排列的小图标即为"快捷图标"，桌面的下方灰色的一行是"任务栏"，如图 1-8 所示，任务栏中包括"开始"菜单、"快速启动"工具栏、"显示桌面"按钮、当前"任务图标""状态指示器"等内容。

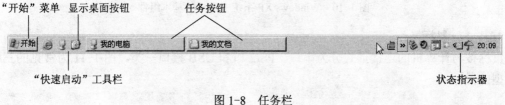

图 1-8　任务栏

鼠标单击"开始"菜单，移动鼠标至"程序"项上，系统自动弹出"程序"菜单的下一级菜单，即"级联菜单"，将鼠标沿"程序"菜单向右平行移动，即可定位到"级联菜单"上，此时即可沿此"级联菜单"上下移动鼠标，选择所需的菜单项，这一级菜单项中还可能有下一级"级联菜单"，如图 1-9 所示，即为将鼠标定位到"附件"菜单上所呈现的效果。

为进一步学习计算机操作技能，除以上基本概念外，用户还应了解如图 1-10 所示的系统组件的基本功能及使用方法，同学们可以自己试着在系统中找出这些组件的具体功能及操作方法。

图 1-9 Windows XP 菜单

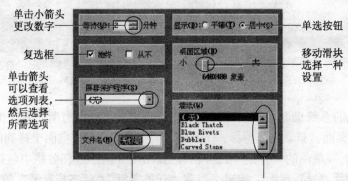

图 1-10 Windows XP 系统中常见的基本组件

操作 3 鼠标操作

鼠标按与计算机的连接形式分为串口、PS/2 口和 USB 接口三类，图 1-11 为常见的三种接口类型的鼠标。

图 1-11 串口、PS/2 口和 USB 接口鼠标

鼠标基本操作：

指向：移动鼠标，将鼠标指针移到屏幕的一个特定位置或指定对象

单击：（将鼠标指向目标对象）快速按一下鼠标左键

双击：（将鼠标指向目标对象）快速连续按两下鼠标左键

拖动：（鼠标指向目标对象后）按下鼠标左键不放，并移动鼠标换行右击：（将鼠标指向目标对象）快速按一下鼠标右键

用户可以在 Windows XP 自带的游戏中练习鼠标的基本操作技能。

实训2 计算机的指法练习

一、实训目标

1. 掌握键盘的使用方法。
2. 通过盲打熟练地进行中英文输入法操作。

二、实训内容

1. 键盘的认识及指法的正确把握。
2. 英文输入练习。
3. 汉字输入练习。

三、实训步骤

操作1 键盘的认识及指法的正确把握

1. 键盘及分区

计算机上常用的键盘为标准键盘，图 1-12 为标准键盘的分区示意图。从图中可以看出键盘通常包括功能键盘区、标准字符键区、特殊键区、编辑键区及小键盘区等部分。

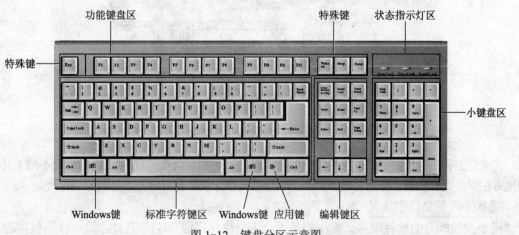

图 1-12 键盘分区示意图

2．打字的姿势

键盘操作是计算机操作人员所必备的基本操作技能，尤其是快速通过键盘进行文字录入的技能，要熟练进行文字录入，必须有正确的姿势，打字的正确姿势如图1-13所示。

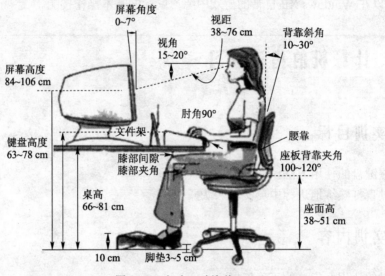

图 1-13　打字正确姿势

3．键盘指法的正确把握

快速录入文字的前提是学会"盲打"，即用户首先要记住键盘上每一个按键所在位置，在此基础上，再合理地安排左右手的指法分工，在不看键盘的条件下，通过记忆完成文字的录入，打字时左右手分工必须明确，科学的指法分工如图1-14所示。对于键盘上的字母键，左右手的食指各负责两列，其余手指则各负责一列，小拇指还负责一部分控制键的操作。

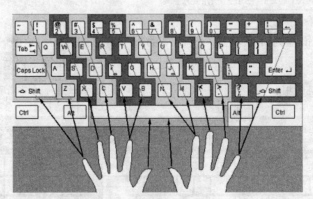

图 1-14　指法分工示意图

在键盘上有两个定位键：左手的定位键为"F"，右手则定位在"J"键上。定位键不同于其他键的地方在于：定位按键上分别有两个"一"字形的凸起，便于盲打时左右手食指的定位。

操作 2 英文打字练习

用于指法练习的软件很多，常用的是"金山快快打字通 2011"软件，该软件不仅可进行英文指法练习，而且可以进行多种汉字输入法（五笔输入法、拼音输入法）的打字训练，且能够实时统计打字速度。金山打字软件界面如图1-15所示，由界面可知，金山打字包括了"英文打字"、"拼音打字"、"五笔打字"、"速度测试"、"打字游戏"等功能，此外，系统还提供了软件使用的帮助说明："打字教程"，让用户更方便地进行打字练习，这款软件也正是由于其完善的功能而受到普遍欢迎的。

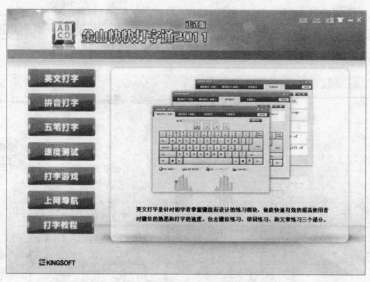

图1-15 金山打字主界面

① 双击桌面上的"打字通2011"图标，启动软件，弹出如图1-15所示的界面；

② 在主界面可单击"英文练习"，出现如图1-16所示的窗口。其中包括键位练习、单词练习、文章练习选项卡，用户可根据需要选择练习方式。如果想结束练习，则可单击"回首页"按钮。

图1-16 "英文打字"中键位练习

操作 3 汉字输入练习

汉字输入最常用的方法是"五笔字型"和"拼音输入"两种方法,这里只简单介绍拼音输入。金山打字提供了这两种输入法的练习,在金山打字界面上选取相应的输入法按钮即可实现所需的输入法训练。

拼音练习包括音节练习、词汇练习及文章练习三种练习方式,用户可根据需要选择其中一种方式进行练习,具体方法如下:

① 音节练习。在图 1-15 所示的打字主界面上单击"拼音练习"按钮,则进入如图 1-17 所示的音节练习界面。

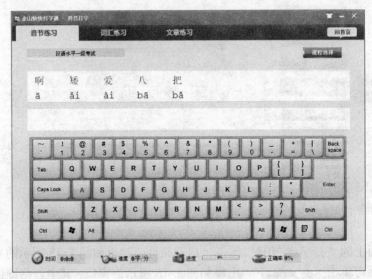

图 1-17　音节练习

② 词汇练习:单击"词汇练习"选项卡,进入"词汇练习"界面,如图 1-18 所示。

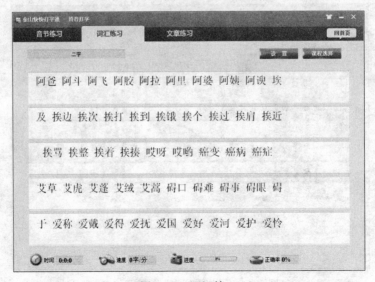

图 1-18　词汇练习

③ 文章练习：单击"文章练习"选项卡，进入如图 1-19 所示的文章练习界面，用户可进行文章输入练习。

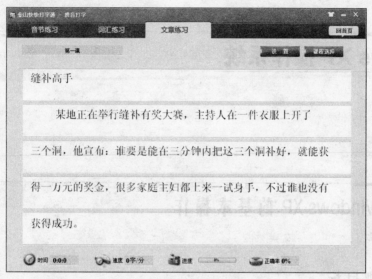

图 1-19　文章练习

第 2 章

Windows XP 操作系统

实训 1 Windows XP 的基本操作

一、实训目标

1. 掌握 Windows XP 的启动。
2. 熟悉 Windows XP 桌面图标的有关操作。
3. 熟悉"任务栏"的操作。
4. 掌握桌面创建快捷方式和其他对象的方法。
5. 掌握回收站的使用方法。
6. 掌握 Windows XP 的关闭。

二、实训内容

1. Windows XP 的启动。
2. 自定义桌面的操作。
3. "任务栏"的相关操作。
4. 桌面上创建快捷方式和新建文件夹。
5. 利用回收站删除文件以及彻底删除文件、设置回收站的空间大小。
6. 关闭 Windows XP。

三、实训步骤

操作 1 Windows XP 的启动

① 按照先外设后主机的启动顺序，先打开显示器电源，再打开计算机电源，计算机主机面板上电源指示灯和显示器指示灯亮，计算机自动进行自检和初始化，自检通过后开始启动

Windows XP，出现启动画面。

② 单击用户名图标，输入密码，单击➡按钮或按 Enter 键确认，开始登录 Windows XP 系统，启动后显示主界面。

操作 2 桌面操作

启动 Windows XP 后，呈现在眼前的屏幕状态就是桌面，用户向系统发出的各种操作命令都是通过桌面来接收和处理的。图 2-1 所示的就是 Windows XP 的传统桌面，默认情况下只有一个回收站图标。

图 2-1 Windows XP 的传统桌面

自定义桌面的步骤如下：

① 桌面空白处单击鼠标右键，弹出快捷菜单中选择"属性"，打开"显示属性"对话框，如图 2-2 所示。

② 选择"桌面"选项卡，并单击"自定义桌面"按钮。

③ 如图 2-3 所示的"桌面项目"对话框的"常规"选项卡中，对"桌面图标"区域的复选框进行选择，确定需要的桌面图标，选择完成后单击"确定"按钮。

图 2-2 "显示属性"对话框

图 2-3 "桌面项目"对话框

操作3 任务栏操作

（1）移动任务栏

将鼠标指针指向任务栏的空白区域，按下左键拖动鼠标，将任务栏分别拖动到屏幕的左部、右部和顶部。

（2）隐藏或取消隐藏任务栏

右击任务栏的空白区域，在弹出的快捷菜单中，选择"属性"命令，单击"自动隐藏任务栏"选项，单击"确定"按钮，可实现任务栏的自动隐藏或取消自动隐藏。

（3）改变任务栏的大小

当任务栏位于桌面底部时，将鼠标指针指向任务栏的上边缘，指针变为双向箭头时，上下拖动即可改变任务栏的大小。当任务栏位于桌面的左侧、右侧、顶部时，分别拖动右、左、下边缘，可以改变任务栏的大小。

（4）选择"智能ABC"输入法

鼠标操作：单击任务栏右侧的输入法指示器图标█或█，在弹出的输入法列表中选择"智能ABC"输入法。

键盘操作：按 Ctrl + Space 组合键，可实现中/英文输入法的切换；连续按 Ctrl + Shift 组合键，在依次循环显示的各种输入法中，选择"智能ABC"输入法。

操作4 在桌面上创建快捷方式和其他对象

① 在桌面上创建"记事本"快捷方式图标。

鼠标右击桌面空白区域，在弹出的快捷菜单中选择"新建"→"快捷方式"命令，如图2-4所示，打开"创建快捷方式"对话框，单击"浏览"按钮，找到"C:\WINDOWS\system32\notepad.exe"，如图2-5所示。单击"下一步"按钮，打开"选择程序标题"对话框，在"键入该快捷方式的名称"文本框中输入"记事本"，如图2-6所示，单击"完成"按钮，在桌面上便生成一个快捷图标，如图2-7所示。

② 桌面上建立一个名称为"MyFile"的空文件夹。

鼠标右击桌面空白区域，在弹出的快捷菜单中选择"新建"→"文件夹"命令，在桌面生成一个"新建文件夹"。此时光标停留在名称框内，如图2-8所示，输入"MyFile"，按 Enter 键或在桌面空白处单击鼠标，即可完成文件夹创建，如图2-9所示。

图2-4 "新建"菜单

图 2-5 "创建快捷方式"对话框　　　　　　　　图 2-6 "选择程序标题"对话框

图 2-7 "记事本"快捷方式　　　　图 2-8 "新建"文件夹　　　　图 2-9 改名后的文件夹

操作 5 回收站的使用和设置

① 删除桌面上已经建立的"记事本"快捷菜单

选定"记事本"快捷菜单，按 Delete 键或其快捷菜单中的"删除"命令。

② 恢复已经删除的"记事本"快捷菜单：打开回收站，选定要恢复的对象，选择菜单"文件"→"还原"命令。

③ 永久删除桌面上的 MyFile 文件夹：删除文件的同时按住 Shift 键，将永久性地删除文件。

④ 设置各个驱动器的回收站容量：C:盘回收站的最大空间为该盘容量的 10%，其余硬盘上的回收站容量为该盘容量的 5%（通过"回收站　属性"对话框进行设置）。

操作 6 关闭 Windows XP

① 单击"开始"按钮，选择"关机"命令，打开"关闭计算机"对话框。

② 单击"待机"按钮，系统将保持已打开的窗口，并使计算机转入低功耗状态。当用户再次使用计算机时，系统自动恢复原来的状态。

③ 单击"关闭"按钮，系统将停止所有运行程序，保存设置并退出 Windows 后自动关闭电源。用户停止使用计算机时可选择此项，以实现安全关机。

④ 单击"重新启动"按钮，系统执行关闭操作，退出 Windows 后，将重新启动计算机。

四、技能拓展

1. 以安全模式启动 Windows XP

由于某些意外，导致系统不能正常启动时，可使用安全模式启动计算机。这时，系统不加载某些组件而直接启动计算机，进入安全模式后，再进行相关设置，然后重新按正常模式启动计算机，可恢复系统。

方法：打开电源，系统完成自检后，立即按下 F8 键，屏幕上显示如图 2-10 所示提示。根据屏幕上的提示，用"↑"、"↓"键选择"安全模式"启动方式，启动完毕后显示进入安全模式"桌面"提示对话框，单击"确定"按钮，关闭对话框，进入到安全模式桌面。此时显示器的分辨率为 640×480，16 色，桌面四角显示"安全模式"字样。

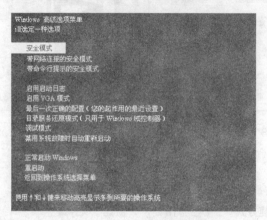

图 2-10　Windows 启动模式选择

2. 设置"开始"菜单

右击任务栏的空白区域，在弹出的快捷菜单中，选择"属性"命令，打开"任务栏和「开始」菜单属性"对话框，选择"「开始」菜单"选项卡，单击"自定义"按钮，打开"自定义「开始」菜单"对话框，如图 2-11 所示，可以选择"高级「开始」菜单选项"，也可以单击"添加"、"删除"按钮，进行菜单项的添加和删除。

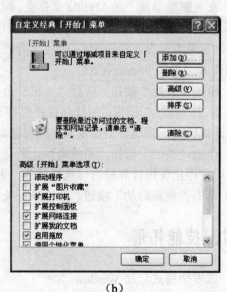

（a）　　　　　　　　　　　　　　　　　（b）

图 2-11　"任务栏和「开始」菜单属性"对话框

双击窗口的标题栏，也可实现窗口的最大化或还原到原来的大小。

要最小化所有打开的窗口及对话框，请单击任务栏上的"显示桌面"图标▨。最小化的窗口在任务栏上显示为按钮，而对话框不显示。再次单击"显示桌面"图标☑，可将所有窗口和对话框还原为原来的大小。

实训 2　文件和文件夹的管理

一、实训目标

1. 了解资源管理器窗口的组成及文件、文件夹的浏览方式。
2. 掌握在资源管理器中文件和文件夹的基本操作。
3. 掌握"我的电脑"的相关操作。

二、实训内容

1. 资源管理器的基本操作。
2. 文件、文件夹的操作。
3. 格式化磁盘。

三、实训步骤

操作 1　资源管理器的使用

（1）启动资源管理器

鼠标右击桌面上"我的电脑"图标，在弹出的快捷菜单中选择"资源管理器"选项，打开"资源管理器"窗口。

（2）显示或取消"标准按钮"工具栏

在"资源管理器"窗口，选择菜单"查看"→"工具栏"→"标准按钮"命令，显示或取消"标准按钮"工具栏。选项前有"√"号，该工具栏在窗口中显示，单击取消"√"，该工具栏在窗口中消失，如图 2-12 所示。

（3）浏览 C:盘"Windows"文件夹中的"Debug"文件夹的全部内容

鼠标单击左窗格内的（C:）图标左侧方框中的"+"号，在展开的文件夹列表中单击"Windows"文件夹图标左侧方框中的"+"号，再在展开的列表中单击"Debug"文件夹图标，在右窗格中显示该文件夹下所有内容，如图 2-13 所示。

图 2-12　"工具栏"菜单

再依次单击"Debug"文件夹图标、"Windows"文件夹图标和（C:）图标左侧的"−"号，将打开的文件夹逐个折叠起来。

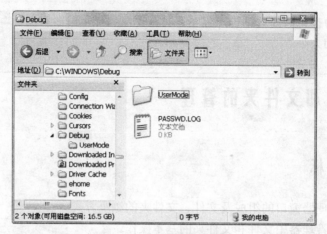

图 2-13 显示文件夹内容

单击左窗格的上、下滚动按钮，或拖动垂直滚动条，浏览左窗格中的全部内容。

（4）现实和隐藏文件扩展名

选择菜单"工具"→"文件夹选项"命令，选择"查看"选项卡，选定"隐藏已知文件类型的扩展名"项，选择菜单"工具"→"刷新"命令，观察"资源管理器"窗口中图标的显示方式；同样地，再取消"隐藏已知文件类型的扩展名"项的选定状态，选择菜单"工具"→"刷新"命令，观察资源管理器窗口中图标的显示方式。

（5）右窗格内容的显示方式及排序

单击"查看"菜单，在其下拉菜单中，分别选择"缩略图"、"图标"、"列表"和"详细信息"命令，观察右窗格中显示方式的变化。

在"详细信息"显示方式下，分别单击右窗格中"名称"、"大小"、"类型"和"修改日期"4 个按钮，使文件分别按照文件名、文件大小、扩展名和修改日期排序。

操作 2 文件和文件夹的基本操作

（1）建立新文件夹

在 D:盘文件夹中，新建如图 2-14 所示的文件夹结构。

① 在"资源管理器"左窗格中，单击"本地磁盘（D：）"，选择菜单"文件→新建→文件夹"命令，在当前 D:盘文件夹中新增一个名为"新建文件夹"的子文件夹，且其文件夹名反白显示，输入"计算机公共基础"，按 Enter 键。

② 在刚建立的"计算机公共基础"文件夹中，创建"HEP"、"word"、"Excel"、"PowerPoint"、"Windows"5 个文件夹，在"word"文件夹中创建两个名为"素材"、"练习作品"的文件夹。

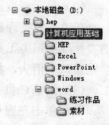

图 2-14 文件夹结构

（2）选择文件或文件夹

选择"HEP"文件夹：依次单击"本地磁盘（D:)"、"计算机应用基础"、"HEP"文件夹图标，该图标颜色改变，即被选中。

选择"计算机应用基础"文件夹下的前 4 个文件夹：单击"HEP"文件夹，按住 Shift 键的同时，单击"Windows"文件夹，即可选择连续的 4 个文件夹。

选择"计算机应用基础"文件夹下的"HEP"和"Windows"两个文件夹：单击"HEP"

文件夹，按住 Ctrl 键的同时，单击"Windows"文件夹，即可选择不连续的几个文件夹。选择"计算机应用基础"文件夹下的全部文件夹：单击左窗格中的"计算机应用基础"文件夹图标，选择菜单"编辑"→"全选"命令，可选择该文件夹下的全部文件和文件夹。

（3）复制"word"文件夹中的"练习作品"和"素材"两个文件夹到"Excel"文件夹中

打开 Windows 资源管理器，依次单击左窗格中的"本地磁盘（D:）"、"计算机应用基础"、"word"文件夹。在左窗格列表中或右窗格中，单击"练习作品"文件夹，按住 Ctrl 键同时单击"素材"文件夹，然后单击工具栏上的"复制"按钮，用鼠标单击"Excel"文件夹，再单击工具栏上的"粘贴"按钮，完成这两个文件夹的复制。

（4）更改"word"文件夹的名称为"Word"

在"Windows 资源管理器"窗口中，依次单击左窗格中的"本地磁盘（D:）"、"计算机公共基础"文件夹，再单击"word"文件夹图标，选择菜单"文件"→"重命名"命令，键入"Word"，按 Enter 键。

（5）删除"Excel"文件夹下的"素材"文件夹

单击"Excel"文件夹下的"素材"文件夹，再选择菜单"文件"→"删除"命令，在弹出的"确认文件删除"对话框中单击"是"按钮，"素材"文件夹从原位置删除，进入回收站。

（6）搜索"HEP"文件夹

选择菜单"开始"→"搜索"→"文件或文件夹"命令，打开"搜索结果"对话框，在"全部或部分文件名"中键入"HEP"，在"在这里寻找"列表框中，单击"本地磁盘（D:）"或"本机硬盘驱动器（C:；D:；E:；F:）"，单击"搜索"按钮，在右侧窗口显示搜索结果。

（7）设置"Word"文件夹下的"素材"文件夹的属性为只读和存档

鼠标右击"Word"文件夹下的"素材"文件夹，在弹出的快捷菜单中选择"属性"命令，打开"素材 属性"对话框，选择"常规"选项卡，在"属性"选区中勾选"只读"和"存档"复选项。

操作 3　磁盘、文件和文件夹的管理

（1）查看 C 盘属性

双击"我的电脑"图标，打开"我的电脑"窗口；右击"本地磁盘（C:）"图标，在弹出的快捷菜单中选择"属性"命令，在打开的对话框中，选择"常规"选项卡，查看磁盘类型、已用空间、可用空间等属性，单击"确认"按钮。

（2）格式化 U 盘

将要格式化的 U 盘插入 USB 接口；在"我的电脑"窗口中，用鼠标右击"可移动磁盘"图标，选择快捷菜单中"格式化"命令，在打开的"格式化"对话框中，选择"快速格式化"选项，单击"开始"按钮，当进度表显示结束时格式化过程完成。

（3）将"我的文档"文件夹复制到 U 盘

用鼠标右击"我的文档"文件夹图标，选择快捷菜单中的"发送到"命令，在弹出的选项中单击"可移动磁盘"，即可完成复制。

四、技能拓展

① 选择大部分文件和文件夹时，可以先选择不需要选择的文件和文件夹，然后选择菜单"编

辑"→"反向选择"命令，即可选中多数所需选择的文件或文件夹。

② "我的电脑"和"资源管理器"一样，都是用于管理和使用系统资源的重要应用程序，通过"我的电脑"也可以浏览和使用系统资源，管理文件或文件夹，如文件或文件夹的建立、复制、移动、删除、重命名、创建快捷方式等，其操作方法与使用"资源管理器"一样。

③ 在文件夹中也可以创建快捷方式，方法同桌面上创建快捷方式完全一样。

④ 在搜索文件或文件夹时，可指定附加的查找条件，然后单击如下选项中的一个或多个，缩小查找范围：

- 选中"什么时候修改的"，查找在指定日期或指定日期段修改的文件。
- 选中"大小是"，查找指定大小的文件。
- 选中"更多高级选项"，指定"搜索系统文件夹"、"搜索隐藏的文件和文件夹"、"搜索子文件夹"、"区分大小写"等附加的查找条件。

实训 3　Windows 的程序管理

一、实训目标

掌握 Windows XP 各种程序的使用方法。

二、实训内容

1. "计算器"、"剪贴板"和"画图"的使用。
2. 使用"Windows Media Player"播放器。
3. 使用磁盘管理程序。

三、实训步骤

操作 1　"计算器"、"剪贴板"和"画图"程序的使用

① 选择任务栏上的"开始"→"所有程序"→"附件"→"计算器"命令，启动"计算器"程序。

② 计算"$25 \times 3 - 50$"的值。

选择菜单"查看"→"标准型"命令，打开"标准型计算器"，依次单击计算器按钮 2、5、*、3、-、5、0、=，观察结果。

③ 将十进制数 25 转换成二进制数。

选择菜单"查看"→"科学型"命令，打开"科学型计算器"，选择"十进制"选项，输入 25，再选择"二进制"选项，观察结果。

④ 按下 Print Screen 键，截取整屏图像到剪贴板。

⑤ 选择任务栏上的"开始"→"所有程序"→"附件"→"画图"命令，启动"画图"程序。

⑥ 选择菜单"编辑"→"粘贴"命令，将剪贴板中带有"计算器"活动窗口的整屏图像粘贴到"画图"程序中（提示：截取活动窗口的方法：将第④步换成同时按下 Alt 和 PrintScreen 键，查看得到的效果）。

操作 2　利用"Windows Media Player"播放器播放"Windows XP 启动.wav"

（1）启动

选择菜单"开始"→"所有程序"→"附件"→"娱乐"→"Windows Media Player"命令，打开"Windows Media Player"播放器。

（2）播放

选择菜单"文件"→"打开"命令，在弹出的"打开"对话框中，单击"查找范围"右侧的下拉按钮，在列表中依次打开"本地磁盘（C:）"→"Windows"→"Media"文件夹，选择文件"Windows XP 启动.wav"，开始播放。

操作 3　系统工具中各种程序的使用

① 利用系统工具的"磁盘碎片整理程序"，对 C:盘进行碎片整理。

在"我的电脑"窗口中，右击 C:盘图标，在弹出的快捷菜单中选择"属性"选项，打开"本地磁盘（C:）属性"对话框，选择"工具"选项卡，单击"开始整理"按钮，如图 2-15 所示。

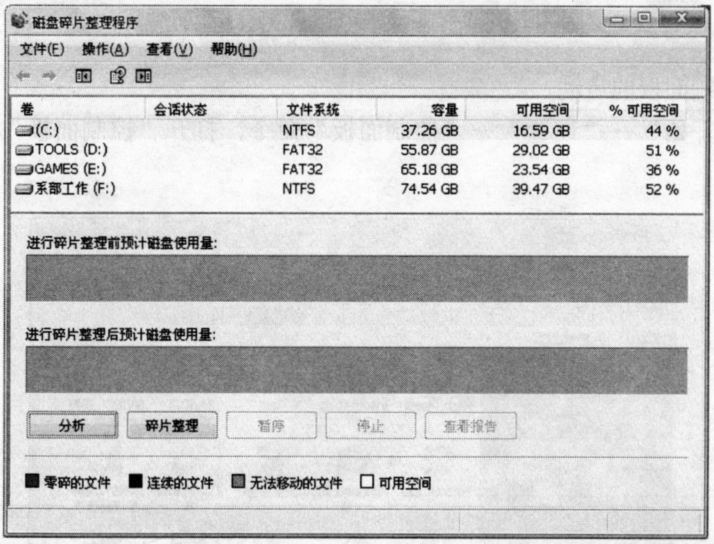

图 2-15　磁盘碎片整理程序

② 利用系统工具的"磁盘清理"，对 D:盘进行磁盘清理。

选择任务栏上的"开始"→"所有程序"→"附件"→"系统工具"→"磁盘清理"命令，选择驱动器"本地磁盘 D:"，单击"确定"按钮开始清理，如图 2-16 所示。

图 2-16　磁盘清理程序

实训 4 控制面板的使用

一、实训目标

1. 熟悉控制面板的主要功能。
2. 掌握在控制面板中进行系统设置的基本方法。

二、实训内容

1. 鼠标的设置。
2. 系统日期/时间的设置。
3. "显示"属性的设置。
4. 添加和删除应用程序。

三、实训步骤

操作 1 控制面板的启动

选择菜单"开始"→"设置"→"控制面板"命令，打开"控制面板"窗口，如图 2-17 所示。

图 2-17 "控制面板"窗口

操作 2 鼠标的操作

在"控制面板"窗口中双击"鼠标"图标，打开"鼠标 属性"对话框。

（1）更改鼠标的左、右手习惯，调整双击速度

选择"鼠标键"选项卡，在"鼠标键配置"选项区选择"切换主要和次要按钮"，在"双击速度"选项区，拖动滑块调整鼠标双击速度，然后双击该区右侧的文件夹图标，测试双击速度，测试到快慢合适时，单击"确定"按钮，完成设置。

（2）将鼠标"正常选择"的指针设置为 $\mathbb{R}$，然后再设置为"使用默认值"

选择"指针"选项卡，在"自定义"列表中选择"正常选择"，单击"浏览"按钮，在打开的对话框中，选用"缩略图"查看方式，选择"3dgarro.cur"文件，依次单击"打开"、"确定"按钮，完成设置。

选择"指针"选项卡，单击"使用默认值"，可恢复 Windows XP 原来的鼠标指针形状。

（3）调整鼠标的指针速度和显示指针轨迹

选择"指针选项"选项卡，在"移动"选项区，分别拖动滑块到"慢"、"快"，移动指针观察调整鼠标指针速度后的效果。

在"可见性"选项区，勾选"显示指针踪迹"，鼠标指针显示踪迹，分别拖动滑块到"短"、"长"，观察鼠标指针显示踪迹的长短。

（4）设置流动滑轮一次滚动 4 行

选择"轮"选项卡，在"滚动"的"一次滚动下列行数"的数值框中，输入或选择"4"，单击"确定"按钮。

操作3 系统时间和日期的设置

① 在"控制面板"中双击"时间和日期"图标，或双击任务栏右边的时间图标，打开"时间和日期属性"对话框。

② 选择"时间和日期"选项卡，将系统日期和时间设置为"2011-6-20　11:20:30"。

在"日期"栏中，分别单击"年"、"月"下拉按钮，选择年值为"2011"，月值为"6"，在下方的日值列表中选择"20"。

单击右侧"时间"选项区下侧文本框中的上下微调箭头，调整时间为"11:20:30"，或从键盘输入"11 20 30"。

操作4 设置显示属性

① 设置桌面背景，并把它拉伸到整个桌面。

双击"显示"图标，或鼠标右击桌面空白处，在弹出的快捷菜单中选择"属性"命令，打开"显示 属性"对话框，选择"桌面"选项卡，在"背景"列表框中选择一张图片，在"位置"下拉列表框中选择"拉伸"，如图 2-18 所示，单击"确定"按钮。

② 选择"飞跃星空"屏幕保护程序，等待时间为 3 分钟，返回时要求输入用户密码。

在"显示 属性"对话框，选择"屏幕保护程序"选项卡，在"屏幕保护程序"下拉列表框中选择"飞跃星空"，在"等待时间"列表框中选择"3 分钟"，勾选"在恢复时使用密码保护"，这里的密码为用户登录系统的密码。单击"设置"按钮，在弹出的"飞跃星空设置"对话框中，拖动"飞行速度"设置区的滑块可改变飞行速度，选择或输入"流星个数"可以改变"星空密度"，如图 2-19 所示，依次单击"确定"按钮，完成设置。

③ 查看屏幕分辨率，如果分辨率为 1 024 × 768 像素，则设置为 800 × 600 像素，否则设置为 1 024 × 768 像素。

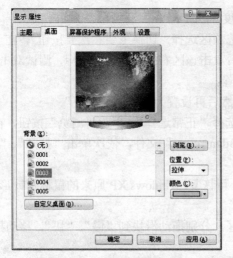

图 2-18　"显示 属性"对话框

图 2-19　"飞越星空设置"对话框

在"显示 属性"对话框中，选择"设置"选项卡，拖动"屏幕分辨率"下的滑块，观察分辨率值的变化，直到显示 1 024 × 768 像素（如图 2-20 所示），单击"确定"按钮完成设置。

操作 5　添加/删除输入法

① 在"控制面板"窗口中，双击"区域和语言选项"图标，打开"区域和语言选项"对话框，如图 2-21 所示。

图 2-20　设置屏幕分辨率

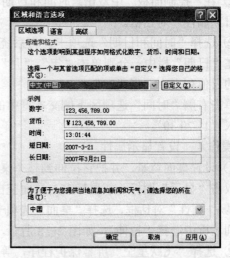

图 2-21　"区域和语言选项"对话框

② 选择"区域选项"选项卡，指定"中文（中国）"为使用区域。

③ 选择"语言"选项卡，单击"详细信息"按钮，打开"文字服务和输入语言"对话框，如图 2-22 所示。

④ 单击"添加"按钮，打开"添加输入语言"对话框，如图 2-23 所示。

⑤ 在"输入语言"列表框中，选择"中文（中国）"为输入语言；在"键盘布局/输入法"列表框中，选择"中文（简体）—智能 ABC"输入法。

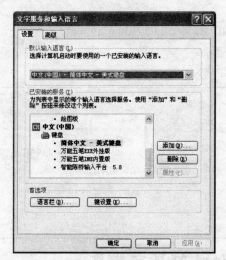

图 2-22　"文字服务和输入语言"对话框

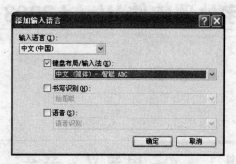

图 2-23　"添加输入语言"对话框

⑥ 单击"确定"按钮。

⑦ 上述操作过程中只需在执行步骤④时，先单击选中"中文（简体）—智能 ABC"选项，再单击"删除"按钮，即可将该输入删除掉。

右击任务栏的语言栏位置，在弹出的快捷菜单中选择"设置"命令，可打开"文字服务和输入语言"对话框，进行输入法的添加或删除。

操作 6　添加/删除 Windows 组件

在"添加或删除应用程序"窗口中，单击"添加/删除 Windows 组件"按钮，等待几分钟，弹出"Windows 组件向导"对话框，删除如图 2-24 所示的"Windows Media Player"组件。

图 2-24　"Windows 组件向导"对话框

单击"Windows Media Player"组件前的复选框，可以发现"√"消失，单击"下一步"按钮，按提示完成该组件的删除。

同样的操作过程中，如果单击标有"√"的组件名称，可完成 Windows XP 组件的添加操作。

第3章

文字处理软件 Word 2003

实训 1　《三国演义》节选——Word 的基本操作

一、实训目标

1. 掌握 Word 文档的创建、编辑与保存操作。
2. 掌握字体格式设置方法。
3. 掌握段落格式设置。

二、实训内容

制作如图 3-1 所示的历史小说节选。

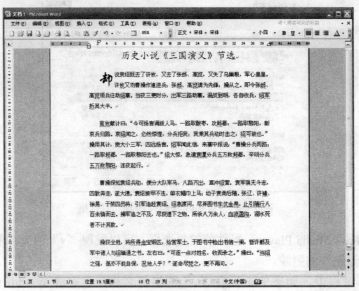

图 3-1　历史小说节选

1．文档的创建与保存。
2．字体格式设置。
3．段落格式设置。
4．首字下沉。
5．文档加密。

三、实训步骤

操作 1 新建 Word 文档

首先启动 Word，选择菜单"文件"→"新建"命令，在窗口右侧的"新建文档"任务窗格中选择"新建"区域内的"空白文档"链接项，就可以新建一个空白文档。

操作 2 输入标题

在空白文档首行的光标位置输入文字"历史小说《三国演义》节选"。

操作 3 设置标题格式

将标题格式设置为"楷体_GB2312"、"二号字"、"居中对齐"、"字符间距加宽 5 磅"。具体操作如下：

选中标题文字，选择菜单"格式"→"字体"命令，打开"字体"对话框，如图 3-2 所示，在"中文字体"下拉列表框中选择"楷体_GB2312"，在"字号"下拉列表框中设置字号为"二号"，然后单击"格式"工具栏的"居中"按钮，使标题位置居中。如图 3-3 所示，切换到"字符间距"选项卡，在"间距"下拉列表框中选择"加宽"，磅值设为"5 磅"。

图 3-2 字体设置

图 3-3 字符间距设置

操作 4 输入文章内容

输入如下文章内容：

却说袁绍既去了许攸，又去了张郃、高览，又失了乌巢粮，军心皇皇。许攸又劝曹操作速进兵；

张郃、高览请为先锋；操从之。即令张郃、高览领兵往劫绍寨。当夜三更时分，出军三路劫寨。混战到明，各自收兵，绍军折其大半。

荀攸献计曰："今可扬言调拨人马，一路取酸枣，攻邺郡；一路取黎阳，断哀兵归路。哀绍闻之，必然惊惶，分兵拒我；我乘其兵动时击之，绍可破也。"操用其计，使大小三军，四远扬言。绍军闻此信，来寨中报说："曹操分兵两路：一路取邺郡，一路取黎阳去也。"绍大惊，急遣袁谭分兵五万救邺郡，辛明分兵五万救黎阳，连夜起行。

曹操探知袁绍兵动，便分大队军马，八路齐出，直冲绍营。袁军俱无斗志，四散奔走，遂大溃。袁绍披甲不迭，单衣幅巾上马；幼子袁尚后随。张辽、许褚、徐晃、于禁四员将，引军追赶袁绍。绍急渡河，尽弃图书车仗金帛，止引随行八百余骑而去。操军追之不及，尽获遗下之物。所杀八万余人，血流盈沟，溺水死者不计其数。

操获全胜，将所得金宝缎匹，给赏军士。于图书中检出书信一束，皆许都及军中诸人与绍暗通之书。左右曰："可逐一点对姓名，收而杀之。"操曰："当绍之强，孤亦不能自保，况他人乎？"遂命尽焚之，更不再问。

操作 5　设置段落格式

如图 3-4 所示，将文章所有段落设置为首行缩进 2 个字符、段前间距 1 行、段后间距 0.5 行、1.5 倍行距。

① 利用鼠标拖放，选中文章所有段落；
② 选择菜单"格式"→"段落"命令，打开"段落"对话框；
③ 在"特殊格式"下拉框中，选中首行缩进，将度量值文本框的值设为"2 字符"；
④ 设置段前间距为 1 行，段后间距为 0.5 行；
⑤ 在"行距"下拉框中，选择"1.5 倍行距"。

操作 6　首字下沉

将正文第 1 段设置为首字下沉 2 行，下沉字体为华文行楷。

① 选择菜单"格式"→"首字下沉"命令，打开"首字下沉"对话框，如图 3-5 所示。

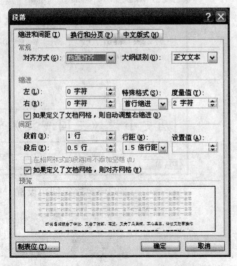

图 3-4　段落格式设置

图 3-5　首字下沉设置

② 单击"下沉"按钮,在"字体"下拉框中选择"华文行楷",下沉行数设为 2 行,再单击"确定"按钮。

操作 7 加密保存文档

保存文档,并设置密码。

① 选择菜单"文件"→"保存"命令,由于是新建文档第 1 次保存,所以会打开"另存为"对话框,如图 3-6 所示。

② 在"另存为"对话框中单击右上角的"工具"菜单,在"工具"下拉式菜单中单击"安全措施选项"命令,打开标题为"安全性"的对话框,如图 3-7 所示。

图 3-6 "另存为"对话框

图 3-7 "安全性"对话框

③ 在"打开文件时的密码"和"修改文件时的密码"文本框中输入密码,密码可以说是数字、字母和符号,字母区分大小写。

④ 单击"安全性"对话框的"确定"按钮,会弹出如图 3-8 所示的"确认密码"对话框。

⑤ 在文本框中再次输入打开文件时的密码,单击"确定"按钮,系统又会弹出如图 3-9 所示的对话框。

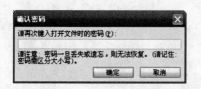

图 3-8 确认打开密码

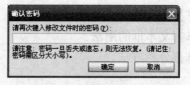

图 3-9 确认修改密码

⑥ 在文本框中再次输入修改文件时的密码,单击"确定"按钮。

⑦ 在"另存为"对话框的"文件名"文本框中输入文件名,单击"保存"按钮。

⑧ 再次打开刚才保存的文档,会弹出如图 3-10 所示的对话框,输入文件的打开密码后,单击"确定"按钮,会弹出如图 3-11 所示的对话框,可以单击"只读"按钮,以只读方式打开文档,也可以输入文档的修改密码,再单击"确定"按钮,这样文档在打开后可以正常编辑、修改。

图 3-10　输入打开密码

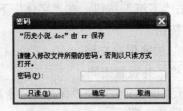

图 3-11　输入修改密码

四、技能拓展

格式刷（如图 3-12 所示）可以减少大量重复的格式设置工作，完成格式的复制功能。如果想要把 A 的格式复制到 B 上，只要如下简单的 3 步就可以完成。

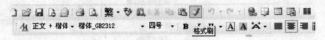

图 3-12　格式刷

① 选中 A。
② 单击"常用"工具栏的"格式刷"按钮，此时光标会变成"小刷子"的形状。
③ 用"小刷子"光标刷 B。

实训 2　汽车标志大全——图文混排

一、实训目标

1. 掌握图文混排方法。
2. 掌握文本框的用法。
3. 掌握分栏方法。

二、实训内容

制作如图 3-13 所示的汽车标志大全。
1. 页面设置。
2. 分栏设置。
3. 添加图片。
4. 添加文本框。

图 3-13　汽车标志大全

三、实训步骤

操作 1　页面设置

① 选择菜单"文件"→"页面设置"命令，打开"页面设置"对话框。

② 单击"纸张"选项卡，如图 3-14 所示，在"纸张大小"选项区的下拉列表框中选择"16 开"，单击"确定"按钮。

③ 单击"页边距"选项卡，在"左"、"右"数值框中设置值为"2.5 厘米"，在"上"数值框中设置值为"4 厘米"，在"下"数值框中设置值为"2 厘米"。

④ "方向"选项区内选择"横向"，如图 3-15 所示。

图 3-14　纸张设置

图 3-15　页边距设置

操作 2 分栏设置

选择菜单"格式"→"分栏"命令，打开"分栏"对话框。在"栏数"列表框中选择"2"，选中"栏宽相等"复选框，选中"分隔线"复选框，在"应用于"下拉列表框中选择"所选文字"，如图 3-16 所示。

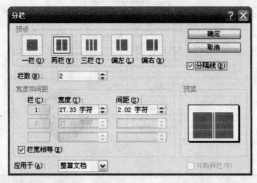

图 3-16 "分栏"对话框

操作 3 文本框设置

① 选择菜单"插入"→"文本框"→"横排"命令，会得到"绘图画布"，如图 3-17 所示。

② 在"绘图画布"范围之外，单击鼠标左键，会得到"文本框"，并且会隐藏"绘图画布"。

③ 在文本框内输入文字"汽车标志大全"，设置为"华文彩云"、"一号"、"下划线"、"斜体"字。

④ 如图 3-18 所示，将文本框内拖到页面的正上方。

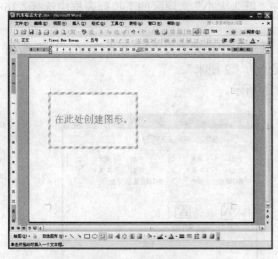

图 3-17 绘图画布

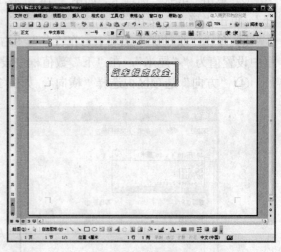

图 3-18 标题文本框

操作 4 插入图片

① 选择菜单"插入"→"图片"→"来自文件"命令，插入图片 Audi.jpg。

② 在图片上单击右键，选择菜单"设置图片格式"，打开"设置图片格式"对话框。

③ 选择"版式"选项卡，将"环绕方式"设置为"紧密型"，如图 3-19 所示。

④ 输入文字"奥迪公司……四环标志沿用至今。"

四、技能拓展

有时需要让文字、图片或文本框等对象链接相关网站，可以为这样的对象插入超链接。

① 选中要插入链接的对象，选择菜单"插入"→"超链接"，打开如图 3-20 所示的"插入超链接"对话框。

图 3-19　"设置图片格式"对话框　　　　图 3-20　"插入超链接"对话框

② 在左边的"链接到"中选择"原有文件或网页"，在"地址"文本框中输入"网站地址"，单击"确定"按钮。

实训 3　制作学生成绩表——分栏、制表位

一、实训目标

1. 掌握表格制作方法。
2. 掌握表格格式设置方法。
3. 掌握公式使用方法。

二、实训内容

制作如图 3-21 所示的学生成绩表。
1. 表格制作。
2. 表格格式设置。
3. 公式计算。
4. 表格和文字转换。

图 3-21　学生期末成绩表

三、实训步骤

操作 1　标题格式设置

输入标题文字"学生成绩表",将格式设置为"华文隶书"、"小一"、"下划线"、"加粗"、"居中对齐"。

操作 2　插入日期

① 输入文字"班级＿＿＿＿＿",再选择菜单"插入"→"日期和时间"命令,打开"日期和时间"对话框。

② 如图 3-22 所示,在"语言"下拉列表框中选择"中文(中国)",在"可用格式"中选择"××××年×月×日"日期格式。

③ 设置"班级"和"日期"所在段落的"段后间距"为"0.5 行"。

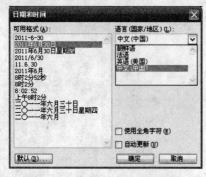

图 3-22　"日期和时间"对话框

图 3-23　"插入表格"对话框

操作 3   插入表格

① 选择菜单"表格"→"插入"→"表格"命令，打开"插入表格"对话框。

② 如图 3-23 所示，设置"列数"数值框中值为"6"，设置"行数"数值框中值为"8"，单击"确定"按钮。

操作 4   套用格式

① 选择菜单"表格"→"表格自动套用格式"，打开"表格自动套用格式"对话框。

② 如图 3-24 所示，在"表格样式"列表中选择"典雅型"，单击"确定"按钮。

操作 5   绘制斜线表头

① 选择菜单"表格"→"绘制斜线表头"，打开"绘制斜线表头"对话框。

② 如图 3-25 所示，在"表头样式"下拉列表框中选择"样式一"，在"行标题"文本框中输入"科目"，"列标题"文本框中输入"姓名"，单击"确定"按钮。

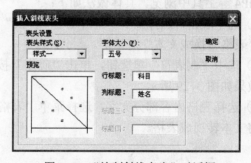

图 3-24 "表格自动套用格式"对话框   图 3-25 "绘制斜线表头"对话框

③ 在表格中填入各"科目"名称，学生的"姓名"及各科成绩。

操作 6   公式计算

① 将光标定位于 B8 单元格，选择菜单"表格"→"公式"命令，打开"公式"对话框。

② 如图 3-26 所示，在"公式"文本框中输入"=AVERAGE(ABOVE)"，单击"确定"按钮。

操作 7   公式复制

① 将光标选中 B8 单元格中刚获得的计算结果，选择右键菜单"切换域代码"，F2 单元格内容变成如图 3-27 所示的代码形式。

图 3-26 "公式"对话框   图 3-27 切换域代码

② 将 B8 单元格中的"域代码"复制到 C8 到 E8 各单元格中。

③ 选择右键菜单中的"更新域"菜单项，重新计算结果。

操作 8 　计算总分

① 将光标定位于 F2 单元格，选择菜单"表格"→"公式"命令，打开"公式"对话框。

② 在"公式"文本框中输入"=SUM(LEFT)"，单击"确定"按钮。

③ 将光标选中 F2 单元格中刚获得的计算结果，选择右键菜单"切换域代码"，F2 单元格内容变成代码形式。

④ 将 F2 单元格中的"域代码"复制到 F3 至 F8 各单元格中。

⑤ 选择右键菜单中的"更新域"菜单项，重新计算结果。

四、技能拓展

在很多时候，需要把表格转换成文字，这样就可把表格内容文字保存成 .txt 文件，放到手机、MP4 等工具中浏览。具体做法如下：

① 选中表格，选择菜单"表格"→"转换"→"表格转换成文本"命令，如图 3-28 所示，打开"表格转换成文本"对话框。

② 选中"制表符"单选钮，单击"确定"按钮，表格将被转换为文字，删除"斜线表头"后，效果如图 3-29 所示。

③ 选择表格内容部分文字，选择菜单"表格"→"转换"→"文本转换成表格"命令，也可以将文本转换成表格。

学生期末成绩表

班级 初二（3）班　　　　　　　　　　2011 年 6 月 30 日

	语文	英语	数学	计算机	总分
张刚	69	77	96	93	335
赵乐	70	88	67	83	308
刘枫	95	98	82	73	348
李圆	68	67	58	88	281
陈远	80	89	99	77	345
王和	71	55	45	74	245
平均分	75.5	79	74.5	81.33	310.33

图 3-28 　"表格转换成文本"对话框　　　　　　图 3-29 　转换后的文本

实训 4 　书籍的排版及打印——Word 高级应用

一、实训目标

1. 掌握分隔符的使用。

2．掌握页眉和页脚的设置。

3．掌握目录的引用方法。

二、实训内容

制作如图 3-30 所示的书籍排版。

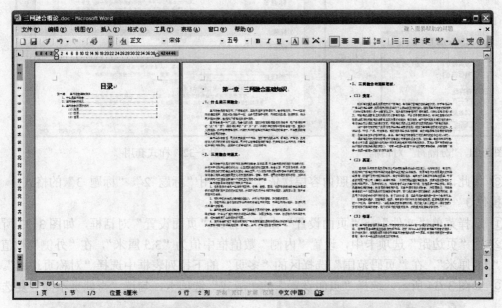

图 3-30　书籍排版

1．分隔符。

2．使用样式。

3．添加页眉和页脚。

4．页面设置。

三、实训步骤

操作 1　插入分隔符

① 输入文字"目录"，设置为"宋体"、"居中"、"加粗"、"一号"字。

② 选择菜单"插入"→"分隔符"命令，打开"分隔符"对话框，如图 3-31 所示。

③ 在分节符类型中选择"下一页"，单击"确定"按钮。

操作 2　套用样式

① 在"第二节"中输入正文内容。

② 选中第一章标题文字"第一章　三网融合基础知识"，然后在"格式"工具栏的"样式"的下拉列表框中选择"标题 1"，如图 3-32 所示。

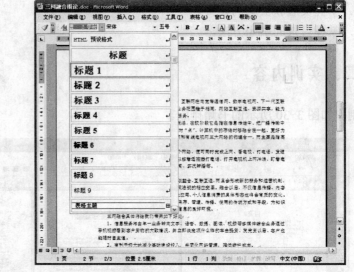

图 3-31　"分隔符"对话框　　　　　　　　　图 3-32　样式套用

③ 如此，将其他标题，按照内容层次依次分别套用"标题 2"、"标题 3"的格式。

操作 3　页面设置

① 选择菜单"文件"→"页面设置"命令，打开"页面设置"对话框，如图 3-33 所示。

② 在"页边距"选项卡中，设置"内侧"数值框中值为"3.5 厘米"，在"外侧"数值框中值为"2.8 厘米"，在"页码范围"选择区的"多页"的下拉列表框中选择"对称页边距"。

③ 如图 3-34 所示，选择"页面设置"的"版式"选项卡，勾选"奇偶页不同"复选框。

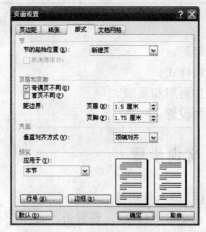

图 3-33　"页面设置/页边距"选项卡　　　　图 3-34　"页面设置/版式"选项卡

操作 4　页眉页脚

① 如图 3-35 所示，单击"页眉和页脚"工具栏的"设置页码格式"，打开"页码格式"对话框。

② 如图 3-36 所示单击"数字格式"下拉列表框的"- 1 -,- 2 -,-"选项，起始页码设置为"1"，单击"确定"按钮。

③ 光标定位于奇数页的"页脚"，单击"页眉和页脚"工具栏左侧的第 1 个按钮，即"插

入页码"按钮，然后设置为"右对齐"；同样地在偶数页插入页码，设置为"左对齐"。

设置页码格式

图 3-35 设置页码格式

图 3-36 "页码格式"对话框

四、技能拓展

手工编写目录是一件非常麻烦的事情，因为需要指出每一章、节的标题和页码，如果书籍的内容有了比较大的修改，就往往需要重新修改章、节的标题和页码。在本实训中，所有的章节标题都是套用 Word 预定义的样式"标题 1"、"标题 2"、"标题 3"等，这样就可以利用 Word 提供的插入目录的功能，自动生成目录。具体做法如下：

① 选择菜单"插入"→"引用"→"索引和目录"命令，打开"索引和目录"对话框。

② 如图 3-37 所示，选择"目录"选项卡，勾选中复选框"显示页码"和"页码右对齐"，单击"确定"按钮。

③ 生成的目录效果如图 3-30 的第一页所示。

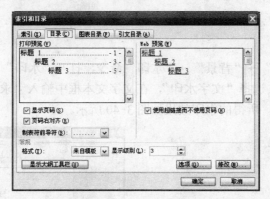

图 3-37 "索引和目录"对话框

实训 5 个人简历——Word 综合应用

一、实训目标

掌握图形、文字、表格混排的操作方法。

二、实训内容

制作如图 3-38 所示的求职信。

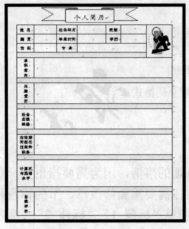

图 3-38　个人简历

1. 添加水印。
2. 用自选图形制作表头。
3. 插入照片。

三、实训步骤

操作 1　添加水印

① 选择菜单"格式"→"背景"→"水印"命令，打开"水印"对话框。

② 如图 3-39 所示，选择"文字水印"，在文字文本框中输入"求职"，字体选择"华文行楷"。单击"确定"按钮。所得的水印效果如图 3-40 所示。

图 3-39　"水印"对话框

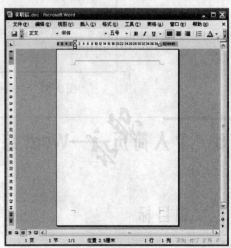

图 3-40　"水印"效果

操作 2　设置自选图形表头

① 如图 3-41 所示，选择"绘图"工具栏中的"自选图形"→"星与旗帜"→"前凸带形"。

② 选择右键菜单"编辑文字"，输入"个人简历"，设置为"华文楷体"、"居中"、"二号"字，如图 3-42 所示。

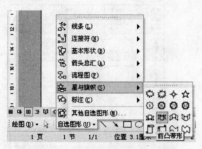

图 3-41　自选图形-前凸带形　　　　　　　　　图 3-42　个人简历表头

③ 左键双击自选图形，打开"设置自选图形格式"对话框，如图 3-43 所示，选择"版式"选项卡，将"环绕方式"设置为"嵌入型"。

操作 3　插入照片

① 选择菜单"插入"→"文本框"→"横排"，打开"设置文本框格式"对话框，如图 3-44 所示，在"线条"选择区，将"颜色"设置为"无线条颜色"。

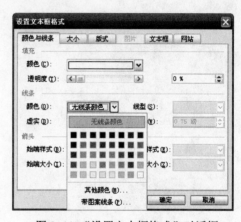

图 3-43　"设置自选图形格式"对话框　　　　　图 3-44　"设置文本框格式"对话框

② 切换到"版式"选项卡，将"环绕方式"设置为"衬于文字下方"。

③ 选择菜单"插入"→"图片"→"来自文件"命令，将照片文件插入到文本框内。然后将文本框拖放到照片单元格的上方就可以了。由于文本框的边框没有颜色，而且"环绕方式"为"衬于文字下方"，所以只要调整好照片的大小，照片就和表格完美结合了。

四、技能拓展

电子简历为了追求好的视觉效果，往往会添加背景纹理。选择"格式"→"背景"→"填充效果"命令,如图 3-45 所示,打开"填充效果"对话框,切换到"纹理"选项卡,选择合适的纹理。如图 3-46 所示的效果,应用的是"再生纸"纹理。

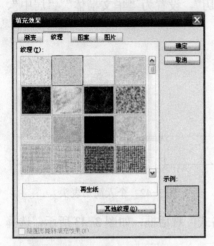

图 3-45 "填充效果"对话框   图 3-46 "个人简历"的背景纹理效果

第 4 章
电子表格处理软件 Excel 2003

实训 1　制作精美课程表——Excel 2003 基本操作

一、实训目标

1．掌握基本工作簿、工作表的操作。
2．掌握各种类型数据输入方法。
3．掌握 Excel 格式设置。

二、实训内容

制作一份如图 4-1 所示的“精美课程表”。

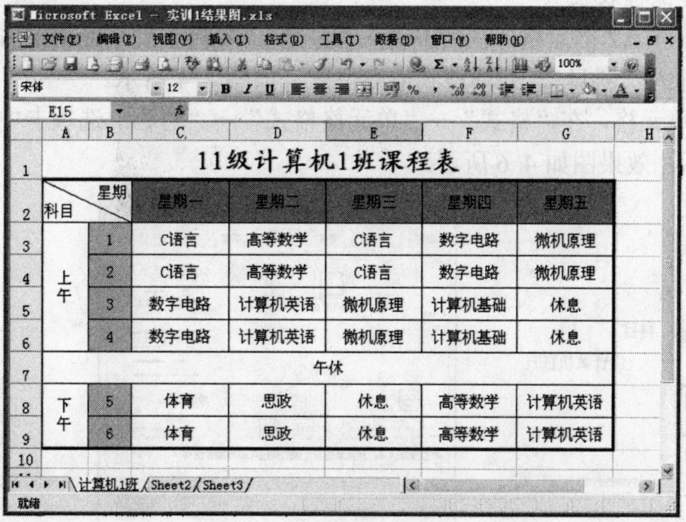

11级计算机1班课程表

星期 科目		星期一	星期二	星期三	星期四	星期五
上午	1	C语言	高等数学	C语言	数字电路	微机原理
	2	C语言	高等数学	C语言	数字电路	微机原理
	3	数字电路	计算机英语	微机原理	计算机基础	休息
	4	数字电路	计算机英语	微机原理	计算机基础	休息
午休						
下午	5	体育	思政	休息	高等数学	计算机英语
	6	体育	思政	休息	高等数学	计算机英语

图 4-1　精美课程表

1．新建工作簿。

2．输入标题。

3．制作表头。

4．输入内容。

5．设置格式。

三、实现步骤

操作 1　新建一个工作簿

① 启动 Excel 2003，打开工作簿。

② 将 Sheet1 工作表更名为"计算机 1 班"。在 Sheet1 工作表标签上右击，在弹出的快捷菜单中选择"重命名"，此刻工作表名会黑亮显示，直接输入"计算机 1 班"，如图 4-2 所示。

操作 2　输入课程表标题

① 合并单元格，选取 A1～G1 的 7 个单元格，单击"格式"工具栏的"合并及居中"按钮，将选取的区域合并成一个单元格。

② 在合并单元格内输入标题"11 级计算机 1 班课程表"，如图 4-3 所示。

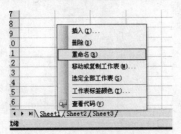

图 4-2　工作表重命名

图 4-3　输入标题

操作 3　制作课程表表头

① 先合并 A1 和 A2 单元格，在其中输入"星期"，并调整到单元格的右侧，然后按快捷键 Alt+Enter 换行，输入"科目"，并调整到适当位置，如图 4-4 所示。

② 选取表头单元格，在"格式"→"单元格格式"→"边框"选项卡中，选择向右的对角线，如图 4-5 所示，效果图如 4-6 所示。

图 4-4　输入表头

图 4-5　设置表头对角线

图 4-6　表头效果图

操作 4　输入内容

① 输入"星期一"，然后利用填充柄向右拖动至"星期五"，如图 4-7 所示。

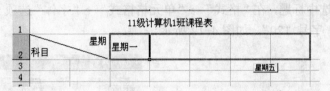

图 4-7　使用填充柄

② 合并 A3～A6，输入"上午"，并在"格式"→"单元格格式"→"对齐"选项卡中，改变文字方向，如图 4-8 所示。同样地，完成"下午"的设置。合并 A7～G7，输入"午休"，如图 4-9 所示。

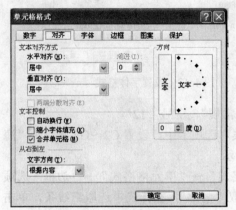

图 4-8　改变文字方向

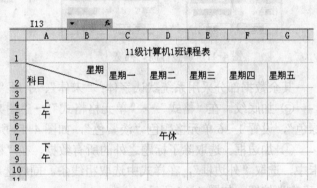

图 4-9　合并单元格

③ 输入其他上课科目，如图 4-10 所示。

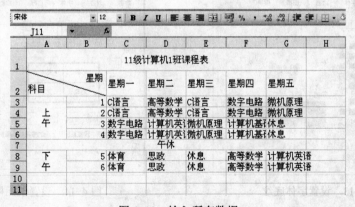

图 4-10　输入所有数据

操作 5　设置格式

① 设置行高。鼠标放在行号"1"上右击，在弹出的快捷菜单中选择"行高"，设置为"30"，选取 2～9 行，设置行高 20，如图 4-11 所示。

设置列宽，选取 A1～G1，单击鼠标右键，在弹出的快捷菜单中选择"列宽"，设置为"12"。或手动调整表头位置，至合适列宽。

② 设置字体。选中标题，在"格式"→"单元格格式"→"字体"选项卡中，设置字体"楷体"、字形"加粗"、字号"20"，如图 4-12 所示。

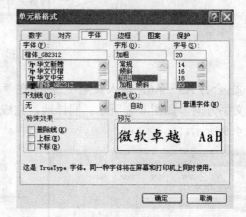

图 4-11　调整行高、列宽　　　　　　　　图 4-12　设置字体格式

其余数据部分采用系统默认字体："宋体"、字形"常规"、字号"12"。

③ 加底纹。在"格式"→"单元格格式"→"图案"选项卡中，设置 C2～G2 底纹为"海绿色"，设置 1～6 单元格颜色"淡紫色"，如图 4-13 所示。

④ 加边框。选取除了标题之外的所有数据，在"格式"→"单元格格式"→"边框"选项卡中，选取"外边框"，在样式中选取粗线条。同时选取"内部"，在样式中选取细线条，单击"确定"按钮，如图 4-14 所示。

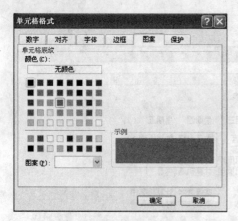
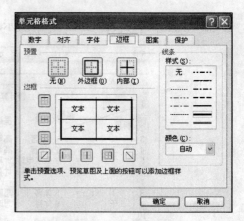

图 4-13　设置字体底纹　　　　　　　　图 4-14　设置单元格边框

四、拓展技能

给表格加边框不但能添加内部边框和外部边框，还可以添加边框的某一个边或几个边。通

过添加不同的边框和边框的颜色，可以制作三维效果，如图 4-15 所示。

图 4-15　制作三维效果

实训 2　2011 年第一季度硬件销售统计表——Excel 2003 基本运算

一、实训目标

1. 掌握公式的用法。
2. 掌握函数的用法。

二、实训内容

制作如图 4-16 所示的"2011 年第一季度硬件销售统计表"。

硬件名称	单价（元）	一月	二月	三月	销售总量	销售额	每月平均销售额
主板	800	25	18	32	75	60000	20000.0
硬盘	700	30	28	45	103	72100	24033.3
显示器	1500	20	13	19	52	78000	26000.0
键盘	55	40	35	22	97	5335	1778.3
鼠标	30	50	45	37	132	3960	1320.0
光驱	400	15	21	18	54	21600	7200.0
内存条	320	12	23	15	50	16000	5333.3
CPU	560	18	10	22	50	28000	9333.3
机箱	420	16	21	25	62	26040	8680.0
音箱	120	40	55	38	133	15960	5320.0

图 4-16　第一季度硬件销售统计表

1．输入基本数据。

2．计算"销售总量"。

3．计算"销售额"和"平均每月销售量"。

三、实训步骤

操作 1 输入基本数据

① 合并 A1～H1 单元格，输入标题"2011 年第一季度硬件销售统计表"。

② 分别输入其他数据。

③ 调整 1、2 两行行高为 35，3～12 行行高为 20，A1～H1 列宽为 12。

④ 设置标题字体为"楷体"，字形"加粗"，字号"18"，其他数据字体"楷体"，字形"加粗"，字号"18"。其中，"每月平均销售额"按 Alt+Enter 快捷键设置换行。

⑤ 设置所有数据水平、垂直居中，设置边框。

操作 2 计算"销售总量"

① 选择菜单"插入"→"函数"命令，在弹出的对话框中选取"SUM"函数，单击"确定"按钮，如图 4-17 所示

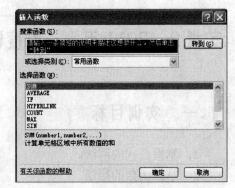

图 4-17 插入求和函数

② 在对弹出的"函数参数"对话框中，单击折叠按钮，重新选取求和的区域，如图 4-18 所示。然后再单击后面的折叠按钮回到原来的对话框中，单击"确定"按钮，得出数值 75，如图 4-19 所示。然后使用填充柄向下填充，计算出所有的销售总量，如图 4-20 所示

单价（元）	一月	二月	三月	销售总量	销售额	每月平均销售额
800	25	18	32	(C3: E3)		
700	30	28	45	1R x 3C		
1500	20		18			
55	40					
30	50	45	37			
400	15	21	18			

图 4-18 选取求和区域

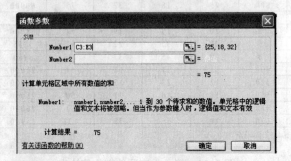

图 4-19 函数参数

图 4-20　填充出所有数据

操作 3　计算"销售额"和"平均每月销售量"

① 销售额=单价*销售总量。鼠标放在 G3 单元格内，输入公式"=B3*F3"，如图 4-21 所示，然后按 Enter 键，得出结果 60 000。然后使用填充柄先向下填充，计算出所有销售额，如图 4-22 所示。

硬件名称	单价（元）	一月	二月	三月	销售总量	销售额	每月平均销售额
主板	800	25	18	32	75	=B3*F3	
硬盘	700	30	28	45	103		

图 4-21　输入公式

图 4-22　填充出所有的数据

② 平均每月销售量=销售额/3。鼠标放在 H3 单元格内，输入公式"=G3/3"，如图 4-23 所示，然后按 Enter 键，得出结果 20 000。然后使用填充柄向下填充，计算出所有每月平均销售额，如图 4-24 所示。

③ 为了统一格式，要求平均分值保留小数点后 1 位有效数字。选取"每月平均销售额"的

所有数值，在“格式”→“单元格格式”→“数字”选项卡中选取分类“数值”，设置小数点后1位有效数字，如图4-25所示。

一月	二月	三月	销售总量	销售额	每月平均销售额
25	18	32	75	60000	=G3/3
30	28	45	103	72100	

图4-23 输入公式

	A	B	C	D	E	F	G	H
1	2011年第一季度硬件销售统计表							
2	硬件名称	单价（元）	一月	二月	三月	销售总量	销售额	每月平均销售额
3	主板	800	25	18	32	75	60000	20000
4	硬盘	700	30	28	45	103	72100	24033.33
5	显示器	1500	20	13	19	52	78000	26000
6	键盘	55	40	35	22	97	5335	1778.333
7	鼠标	30	50	45	37	132	3960	1320
8	光驱	400	15	21	18	54	21600	7200
9	内存条	320	12	23	15	50	16000	5333.333
10	CPU	560	18	10	22	50	28000	9333.333
11	机箱	420	16	21	25	62	26040	8680
12	音箱	120	40	55	38	133	15960	5320

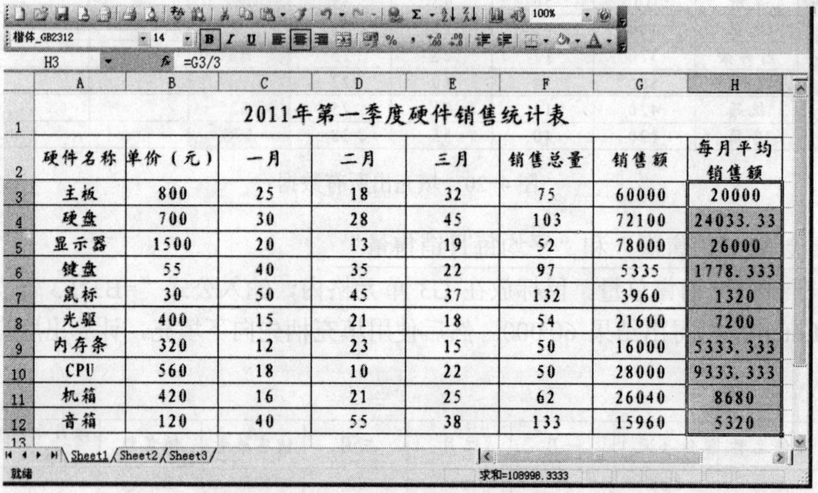

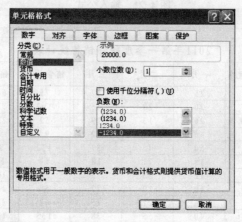

图4-24 填充出所有的数据

图4-25 设置小数点

四、拓展技能

在“销售额”或“每月销售额”中，还可以显示出具体的货币符号，例如“￥”、“£”、“$”等。选择“格式”→“单元格格式”→“数字”选项卡中的“货币”类，在对话框的右侧选择相应的货币符号，如图4-26所示。

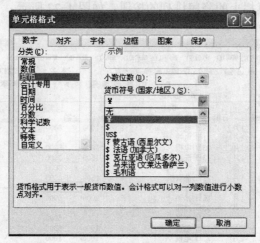

图 4-26　选择货币符号

实训 3　商品信息整理——排序、分类汇总和筛选

一、实训目标

1．单关键字排序和多关键字排序。
2．单分类汇总和多分类汇总。
3．自动筛选和复杂筛选。

二、实训内容

1．对"金额"进行降序排序。
2．以"物品"、"金额"、"月份"3 个关键字的顺序进行多关键字排序。
3．按月份汇总销售金额。
4．按月份汇总各个物品的销售金额。
5．筛选 1 月份销售金额在 3 000～4 000 元的商品的信息。
6．筛选单价超过 1 500 元或者销售金额在 10 000 元以上的销售信息。

三、实训步骤

操作 1　单关键字排序

① 将光标放到"金额"列的任一单元格中。

② 单击“常用”工具栏上的降序排列的按钮，如图 4-27 所示。

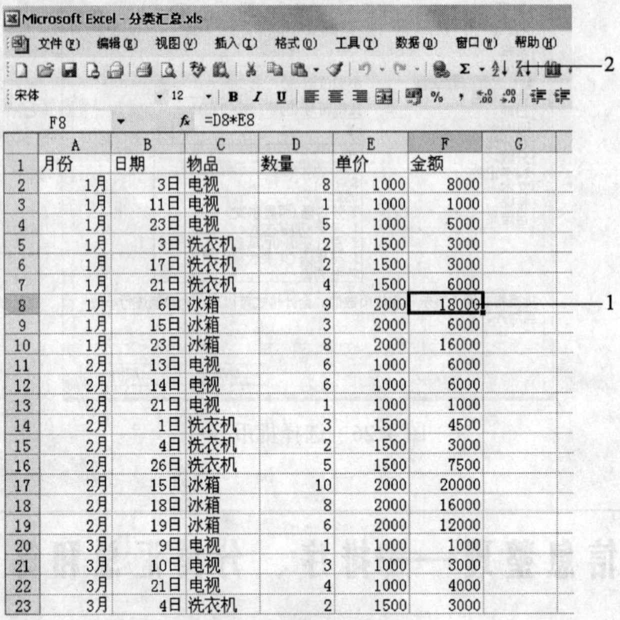

	A	B	C	D	E	F	G
1	月份	日期	物品	数量	单价	金额	
2	1月	3日	电视	8	1000	8000	
3	1月	11日	电视	1	1000	1000	
4	1月	23日	电视	5	1000	5000	
5	1月	3日	洗衣机	2	1500	3000	
6	1月	17日	洗衣机	2	1500	3000	
7	1月	21日	洗衣机	4	1500	6000	
8	1月	6日	冰箱	9	2000	18000	
9	1月	15日	冰箱	3	2000	6000	
10	1月	23日	冰箱	8	2000	16000	
11	2月	13日	电视	6	1000	6000	
12	2月	14日	电视	6	1000	6000	
13	2月	21日	电视	1	1000	1000	
14	2月	1日	洗衣机	3	1500	4500	
15	2月	4日	洗衣机	2	1500	3000	
16	2月	26日	洗衣机	5	1500	7500	
17	2月	15日	冰箱	10	2000	20000	
18	2月	18日	冰箱	8	2000	16000	
19	2月	19日	冰箱	6	2000	12000	
20	3月	9日	电视	1	1000	1000	
21	3月	10日	电视	3	1000	3000	
22	3月	21日	电视	4	1000	4000	
23	3月	4日	洗衣机	2	1500	3000	

图 4-27 排序样表

操作 2 多关键字排序

① 选择菜单“数据”→“排序”命令。

② 主关键字选择“物品”，次要关键字选择“月份”，“第三关键字”选择“金额”，并选择“第三关键字”的排序方式为“降序”，如图 4-28 所示。

③ 单击“确定”按钮。

操作 3 单分类汇总

① 选择菜单“数据”→“分类汇总”命令，弹出“分类汇总”对话框，如图 4-29 所示。（提示：把“每组数据分页”选中，可以在打印时把不同类别的数据按不同分组打印在不同的页上）。

② “分类字段”选择“月份”，“汇总方式”选择“求和”，“选定汇总项”选中“金额”，如图 4-30 所示。

③ 选中“每组数据分页”。

④ 单击“确定”按钮。

操作 4 嵌套分类汇总

① 按照操作 3 的操作方法按月进行分类汇总。

② 在进行了第一步之后，再按物品名称进行分类汇总，这时需要将“替换当前分类汇总”这个选项前的对钩去除，如图 4-30 所示。

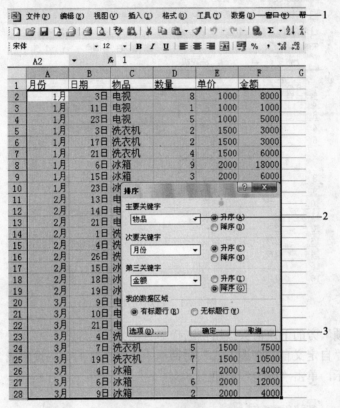

图 4-28　多关键字排序

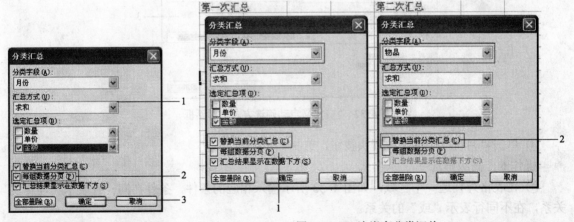

图 4-29　"分类汇总"对话框　　　　　　　图 4-30　二次嵌套分类汇总

操作 5　自动筛选

① 把光标放到表格内，选择菜单"数据"→"筛选"→"自动筛选"命令，得到如图 4-31 所示的效果。

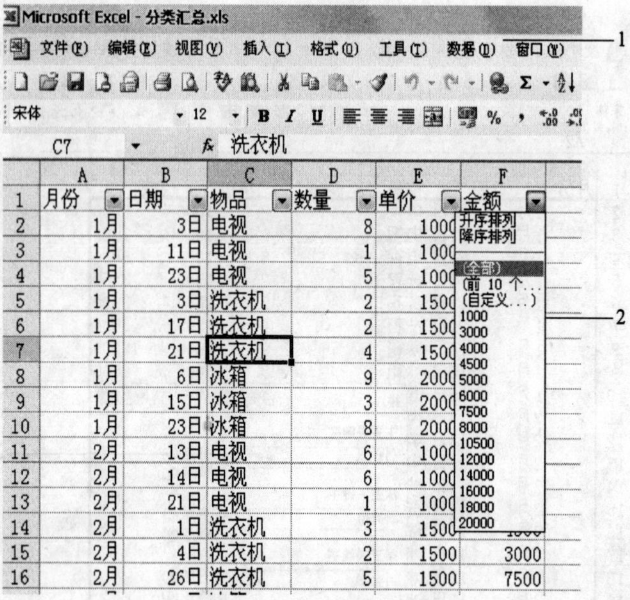

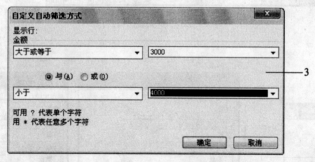

图 4-31 自动筛选

② 单击"金额"旁的下拉箭头按钮，选择"自定义"。

③ 在弹出的"自定义自动筛选方式"对话框中，将条件的范围设定成"3 000～4 000"之间，如图 4-32 所示，单击"确定"按钮。

图 4-32 "自定义自动筛选方式"对话框

④ 单击"月份"旁的下拉箭头按钮，选择"1 月"。

操作 6 高级筛选

① 在表格外任选一个区域，如图 4-33 所示输入相应的条件，条件在同一行表示"与"的关系，在不同行表示"或"的关系。

② 把光标重新放入表格内。

③ 选择菜单"数据"→"筛选"→"高级筛选"命令。

④ 在弹出的"高级筛选"对话框中，将条件区域置为①所选定的区域，如图 4-34 所示，单击"确定"按钮。

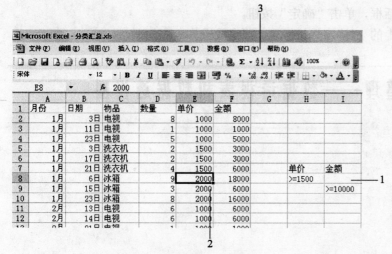

图 4-33 高级筛选的条件区域

图 4-34 "高级筛选"对话框

四、拓展技能

对如图 4-35 所示的职位列表按照职位的高低进行排序，即按照"总经理、副总经理、经理、主管和职员"的顺序排列。

① 选择菜单"工具"→"选项"→"自定义序列"命令，打开"自定义序列"对话框，如图 4-36 所示。

② 如图 4-36 所示，在"输入序列"的列表框中按职位的升序输入相应职位的名称。

③ 单击"添加"和"确定"按钮，返回主界面。

④ 选中所有的职位名称，选择菜单"数据"→"排序"命令，在排序窗口中单击"选项"，弹出如图 4-37 所示的"排序选项"对话框。

	A
	副总经理
	经理
	职员
	主管
	总经理

图 4-35 职位列表

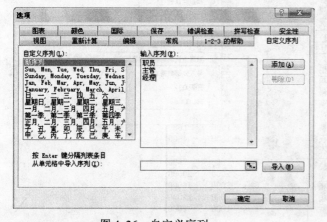

图 4-36 自定义序列

图 4-37 "排序选项"对话框

⑤ 单击"自定义排序次序"的下拉箭头按钮，在下拉列表中选择以上自定义的序列，单击

"确定"按钮回到"排序"对话框,单击"确定"按钮。

⑥ 单击"常用"工具栏上的 "降序"按钮 $\frac{Z}{A}$↓,即完成操作。

实训 4 商品信息整理——数据透视表和数据透视图

一、实训目标

1. 数据透视表向导。
2. 数据透视图生成。

二、实训内容

利用数据透视表汇总统计每种商品在各个月的销售金额总数。

三、实训步骤

操作 1 数据透视表

① 选中整张表格,如图 4-38 所示。

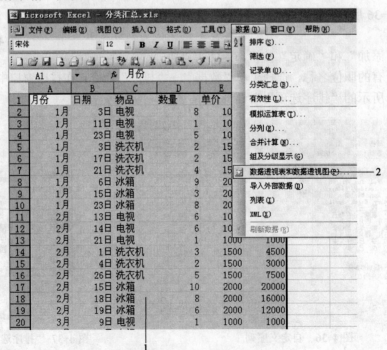

图 4-38 "数据透视表和数据透视图"菜单项

② 选择菜单"数据"→"数据透视表和数据透视图"命令，出现数据透视表向导，如图 4-39 所示。

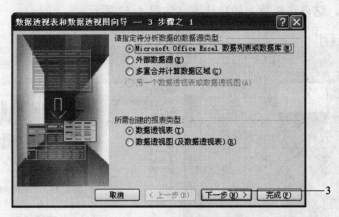

图 4-39 数据透视表向导步骤 1

③ 单击"下一步"按钮，确定选定区域是整张表格，单击"下一步"按钮。

④ 单击"布局"，进入"数据透视表和数据透视图向导-布局"。如图 4-40 所示，将"物品"拖放到列上，将"月份"拖放到行上，将"金额"作为汇总项拖放到中间数据区域。

⑤ 单击"确定"按钮后再单击"完成"按钮，结果如图 4-41 所示。

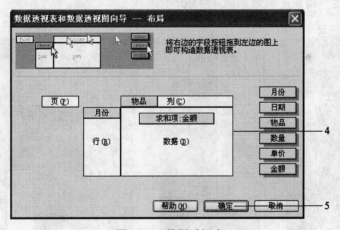

图 4-40 数据透视表

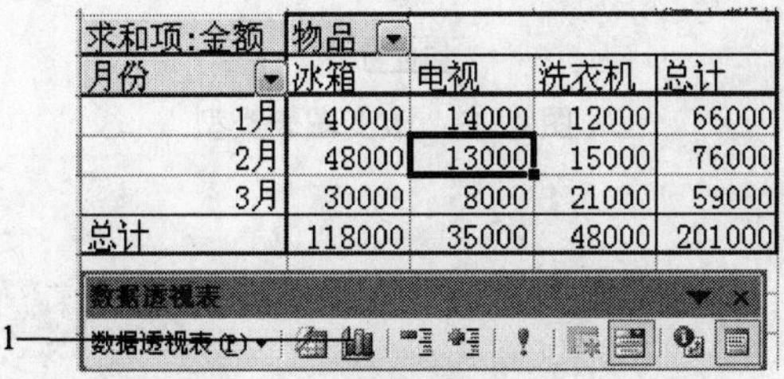

求和项:金额	物品 ▾			
月份 ▾	冰箱	电视	洗衣机	总计
1月	40000	14000	12000	66000
2月	48000	13000	15000	76000
3月	30000	8000	21000	59000
总计	118000	35000	48000	201000

图 4-41 数据透视表结果

操作 2　数据透视图

① 单击"数据透视表"工具栏上的图标向导按钮，在新的工作表中生成图表，右击图标区域，选择图表类型，这里选择第 1 种柱状图，如图 4-42 所示。

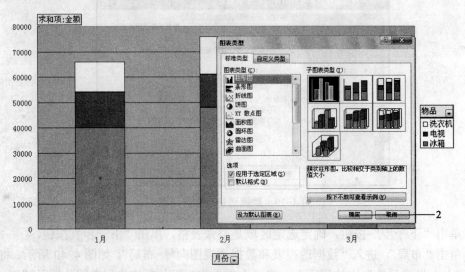

图 4-42　生成数据透视图

② 单击"确定"按钮，结果如图 4-43 所示。

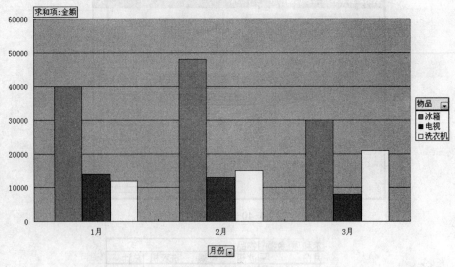

图 4-43　改变图表类型

四、拓展技能

① 如图 4-44 所示，选中"求和项：金额"单元格，单击"数据透视表"工具栏上的"字段设置"按钮 ，弹出"数据透视表字段"对话框，如图 4-45 所示。

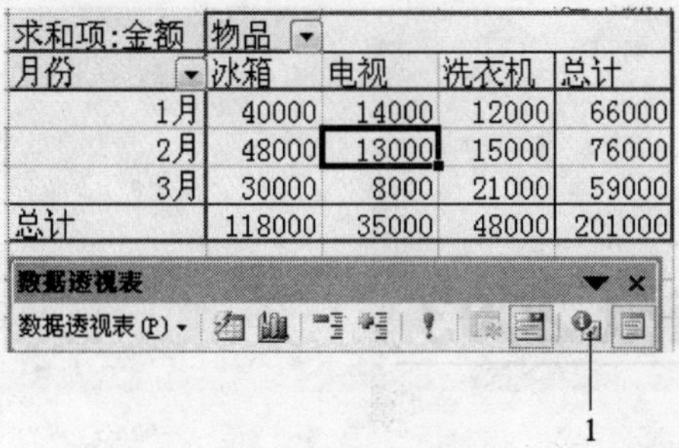

求和项:金额
物品
月份
冰箱
电视
洗衣机
总计
1月 40000 14000 12000 66000
2月 48000 13000 15000 76000
3月 30000 8000 21000 59000
总计 118000 35000 48000 201000
数据透视表
数据透视表(P)
1

图 4-44　统计类型修改

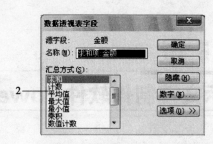

数据透视表字段
源字段：
金额
名称(M)：
求和项:金额
汇总方式(S)：
求和
计数
平均值
最大值
最小值
乘积
数值计数
确定
取消
隐藏(H)
数字(N)...
选项(O) >>
2

图 4-45　数据透视表字段

② 在“汇总方式”的列表中选择“平均值”，单击“确定”按钮，数据透视表中的数据即换成了金额的平均值。

第 5 章
演示文稿制作软件 PowerPoint 2003

实训 1 产品发布计划书——PowerPoint 的基本操作

一、实训目标

1. 掌握演示文稿的建立方法。
2. 掌握模板的使用方法。
3. 学会编辑演示文稿。

二、实训内容

本实训制作一个产品发布计划书，其效果如图 5-1 所示。

图 5-1 产品发布计划书

1．建立演示文稿。

2．使用模板。

3．编辑内容。

三、实训步骤

操作 1　建立演示文稿

① 选择"文件"菜单中的"新建"命令，在图 5-2 所示的"新建演示文稿"的任务窗格中选择"空演示文稿"。

② 在弹出的"幻灯片版式"子窗格中选择"标题幻灯片"版式，如图 5-3 所示。

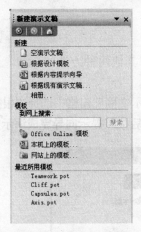

图 5-2　新建演示文稿　　　　　　　　　图 5-3　幻灯片版式

操作 2　使用模板

① 单击如图 5-3 所示右上角的"其他任务窗格"按钮 ▼，在弹出的下拉菜单中选择"幻灯片设计"命令，如图 5-4 所示。

② 在弹出的"幻灯片设计"子窗格中选择 Layers.pot 模板，如图 5-5 所示。

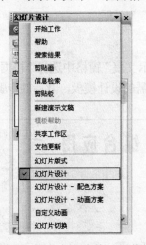

图 5-4　其他任务窗格下拉菜单　　　　　图 5-5　幻灯片设计窗格

操作 3　编辑内容

① 在第 1 张幻灯片的标题框中输入"[产品名称]",副标题框中输入"营销计划"。

② 选择菜单"插入"→"新幻灯片"命令,插入一张新的幻灯片,在右边的"幻灯片版式"窗格中选择"标题和文本"版式。

③ 在新插入的幻灯片的标题框中输入"市场概述",在文本框的第 1 行中输入"市场:过去、现在与未来"。

④ 按 Enter 键,在第 2 行中输入"审阅市场份额、领导地位、商家、市场动向、成本、定价、竞争方面的变化",将鼠标指向左侧的项目符号,按住鼠标左键向右拖动,使标题降低一级。

⑤ 后面 3~12 张幻灯片的制作方法与第 2 张幻灯片基本相同。

四、技能拓展

演示文稿的创建方法除了上述介绍的方法外,还有其他两种方法。

① 利用"内容提示向导"创建,步骤如下:

选择菜单"文件"→"新建"命令,在右边"新建演示文稿"窗格中选择"根据内容提示向导"命令,弹出"内容提示向导"对话框,如图 5-6 所示,然后按照提示向导完成演示文稿的创建。

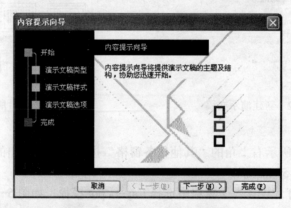

图 5-6　"内容提示向导"对话框

② 根据设计模板创建,步骤如下:

选择菜单"文件"→"新建"命令,在右边"新建演示文稿"窗格中选择"根据设计模板"命令,此时右边的窗格变成"幻灯片设计",在此窗格中选择所需的设计模板,其后的步骤与操作 3 相同。

实训 2　生日贺卡——PowerPoint 的综合应用

一、实训目标

1. 掌握幻灯片动画的设置方法。

2．掌握幻灯片切换的设置方法。

3．掌握幻灯片中插入影片和声音的方法。

二、实训内容

本实训设计制作生日贺卡，其效果如图 5-7 所示。

图 5-7　生日贺卡

1．设置幻灯片动画。

2．在幻灯片中插入影片和声音。

3．设置幻灯片切换。

三、实训步骤

操作 1　设置幻灯片动画

① 完成生日贺卡 3 张幻灯片主要内容的编辑，效果如图 5-7 所示。

② 打开第 1 张幻灯片，选定"矩形"对象，选择菜单"幻灯片放映"→"自定义动画"命令。

③ 在弹出如图 5-8 所示的"自定义动画"子窗格中选择"添加效果"→"进入"→"盒状"命令，完成盒状动画效果的添加，此时"自定义动画"子窗格变成如图 5-9 所示的界面。

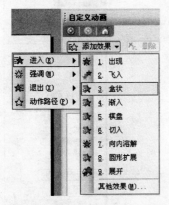

图 5-8　"自定义动画"子窗格

图 5-9　动画效果设置

④ 将"开始"效果选项由"单击时"改为"之后"，其他效果选项不变。

⑤ 再用同样的方法给其他对象设置动画，具体要求如下：

- 第 1 张幻灯片：图片"woman.gif"动画效果为"快速展开"；艺术字"给"动画效果为"自底部飞入"；艺术字"我的朋友"动画效果为"跨越棋盘"；"心形"动画效果为"中速扇形展开"；"箭头"动画效果为"自左侧飞入"。

- 第 2 张幻灯片：图片"eye.gif"动画效果为"自顶部飞入"；图片"happy.jpg"动画效果为"自底部切入"；左右两侧的两个"心形"动画效果分别为"自左侧飞入"和"自右侧飞入"。右上侧两个爆炸型动画效果分别为自右上部飞入和自左下部飞入，动画播放后变为其他颜色。

- 第 3 张幻灯片：为图片"heart.jpg"添加两种动画效果，第 1 种为"向内慢速圆形扩展"，第 2 种为"慢速垂直突出显示"。

操作 2　在幻灯片中插入声音

① 打开第一张幻灯片，选择菜单"插入"→"影片和声音"→"文件中的声音"命令。

② 找到"birthday.mp3"声音文件存放的位置，单击"确定"按钮，在弹出的对话框中单击"自动"按钮。

③ 插入完成后，在幻灯片中出现一个 🔊 声音标志，同时在自定义动画列表中出现播放该声音的动画选项。

④ 单击列表中声音动画效果选项，在弹出的下拉菜单中选择"效果选项"，弹出如图 5-10 所示的对话框。

⑤ 在"效果"选项卡中将"停止播放"设为"在 3 张幻灯片后"，在"计时"选项卡中将"重复"设为"直到幻灯片末尾"，在"声音设置"选项卡中将"显示"选项设为"在幻灯片放映时隐藏声音图标"。

操作 3　设置幻灯片切换

① 选定第 1 张幻灯片，选择菜单"幻灯片放映"→"幻灯片切换"命令。

② 弹出如图 5-11 所示的"幻灯片切换"子窗格，选择"向右推出"幻灯片切换方式，并将切换效果的速度选项设为"中速"、"换片方式"设为"每隔 8 秒"。

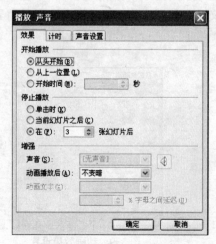

图 5-10　"播放声音"对话框

图 5-11　"幻灯片切换"子窗格

③ 再用同样的方法将第 2 张幻灯片的切换方式设为"中速顺时针回旋"、"4 根轮辐",第 3 张幻灯片的切换方式为"中速阶梯状向右上展开","换片方式"皆为"每隔 8 秒"。

四、技能拓展

① 自定义动画除了上面介绍的效果以外,还可以使用动作路径,使选定的对象按照动作路径运动。设置方法为选择如图 5-8 中所示的动作路径,然后在子菜单中选择某种路径或自定义路径即可。

② 幻灯片动画设置还可以使用系统自带动画方案,设置方法为选择菜单"幻灯片放映"→"动画方案"命令,然后在弹出的动画方案窗格中选择所需的动画方案即可,如图 5-12 所示。需要注意的是动画方案只能应用于幻灯片,不能针对幻灯片中的对象进行设置。

③ 幻灯片的切换时间设置除了在设置幻灯片切换方式时选择每隔指定的时间外,还可以使用排练计时。设置方法为选择菜单"幻灯片放映"→"排练计时"命令,这时幻灯片进入全屏播放状态,并弹出如图 5-13 所示的"预演"工具栏。在其中显示的是对象的播放时间。单击鼠标或下一项图标可以切换到下一项播放。排练完成后弹出图 5-14 所示的对话框,单击"是"按钮即可。

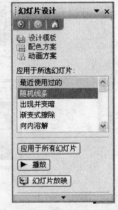

图 5-12 切换效果设置

图 5-13 "预演"工具栏 　　　　　图 5-14 "排练时间"对话框

实训 3 风景区简介——PowerPoint 的综合应用

一、实训目标

1. 掌握超幻灯片超级链接的设置方法。
2. 掌握幻灯片放映方式的设置。
3. 掌握幻灯片的打包方法。

二、实训内容

本实训设计制作一个风景区简介,其效果如图 5-15 所示。

图 5-15 黄山简介

1. 设置超级链接。
2. 设置幻灯片放映方式。
3. 打包幻灯片。

三、实训步骤

操作 1 设置超级链接

① 完成如图 5-15 所示 9 张幻灯片的主要内容编辑。

② 打开第 3 张幻灯片，选定文本"奇松"，单击鼠标右键，在弹出的快捷菜单中选择"超链接"命令，弹出如图 5-16 所示的"插入超链接"对话框。

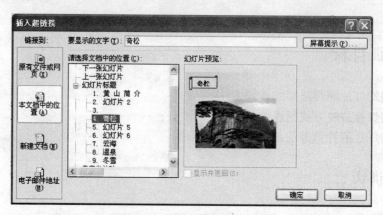

图 5-16 "插入超链接"对话框

③ 在图 5-16 中选择链接到本文档中的位置第 4 张幻灯片，然后单击"确定"按钮。

④ 用同样的方法将文本"怪石"、"云海"、"温泉"、"冬雪"分别超链接到第 6、7、8、9 张幻灯片。

⑤ 打开第 5 张幻灯片，选择菜单"幻灯片放映"→"动作按钮"命令，打开如图 5-17 所示的菜单，选择第 3 行第 1 列按钮，此时鼠标变成十字状，按住鼠标左键在幻灯片右下角拖放，完成按钮插入。

⑥ 在弹出的如图 5-18 所示的对话框中，将单击鼠标时的动作超链接目标改为第 3 张幻灯片。

图 5-17 动作按钮菜单

图 5-18 动作设置对话框

⑦ 将此按钮分别复制到第 6、7、8、9 张幻灯片的右下角。

操作 2 设置幻灯片放映方式

① 选择菜单"幻灯片放映"→"设置放映方式"命令，弹出如图 5-19 所示的对话框。

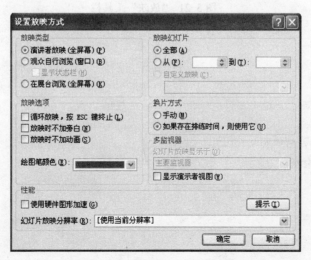

图 5-19 "设置放映方式"对话框

② 按图中所示设置各项即可。

操作 3 打包幻灯片

① 选择菜单"文件"→"打包成 CD"命令，弹出如图 5-20 所示的对话框。

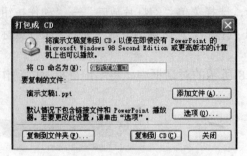

图 5-20 "打包成 CD"对话框

② 单击"复制到文件夹"按钮，在弹出的对话框中输入文件夹名称和位置，单击"确定"按钮即可。

四、技能拓展

① 除了系统自带的动作按钮和文本可设置超链接外，其他的对象如图形、图片也可以设置超链接，设置的方法和文本超链接的设置方法一样。

② 当使用"演讲者放映"方式时，在放映时，屏幕左下角会出现如图 5-21 所示的工具栏，可借此工具栏的工具进行定位或改变鼠标形状增加演讲效果。

图 5-21 "放映"工具栏

第 6 章

计算机网络基础及 Internet 应用

实训 1   Internet Explorer 的属性设置

一、实训目标

能对 Internet Explorer 8.0（以下简称 IE）浏览器的属性进行合理设置。

二、实训内容

1. 常规选项的设置。
2. 安全选项的设置。
3. 内容选项的设置。

三、实训步骤

要想设置 IE 浏览器的各项属性，首先必须打开 IE 浏览器属性对话框，右击桌面上的 Internet Explorer 快捷图标，或在启动 IE 后选择"工具"→"Internet 选项"，弹出如图 6-1 所示对话框。

操作1   "常规"选项的设置

单击"常规"标签，弹出如图 6-1 所示对话框，在此可进行"常规"选项的各项设置，具体操作如下：

① 设置"主页"：在地址框中输入一个访问最频繁的网址，如"http://www.hao123.com"，IE 就会把该网页作为主页保存起来，这样以后每次只要启动 IE 时就会首先打开此网页。

② 设置"浏览历史记录"：单击"删除"按钮，弹出如图 6-2 所示的对话框，选中"Internet 临时文件"、"Cookie"和"历史记录"，单击"删除"按钮，可删除访问 Internet 时产生的临时文件、文件夹和历史记录。

③ 设置"历史记录"天数：单击图 6-1 中的"设置"按钮，弹出如图 6-3 所示的对话框，在"网页保存在历史记录中的天数"中输入"20"，单击"确定"按钮，则已访问过的网页将被保存在临时文件夹中，20 天后被自动清除。

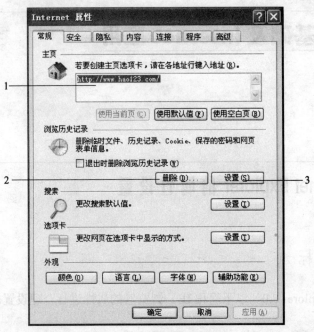

图 6-1 "IE 属性"对话框

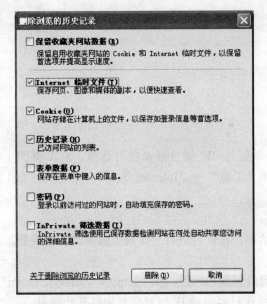

图 6-2 "删除浏览历史记录"对话框

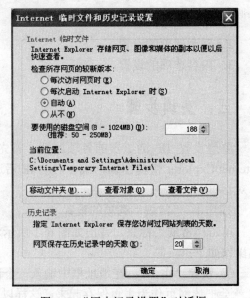

图 6-3 "历史记录设置"对话框

操作 2 "安全"选项的设置

在图 6-1 中，单击"安全"标签，弹出如图 6-4 所示的对话框，在此可进行"安全"选项的各项设置，具体操作如下：

① 设置"安全级别"：通过调节滑块，可设置访问 Internet 时的安全级别。当然也可以通过"自定义级别"来设置安全级别（提示：安全级别一般不要设置太高，否则许多网站在访问时将被受限）。

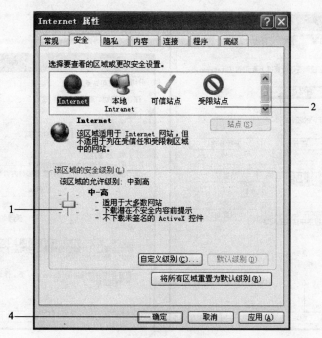

图 6-4　"安全"选项卡

② 设置"受限站点"：选中"受限站点"图标，单击"站点"按钮，弹出如图 6-5 所示对话框。

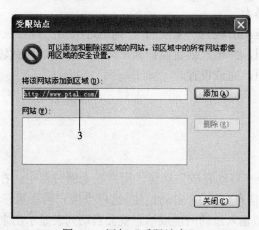

图 6-5　添加"受限站点"

③ 在文本框中输入被限制的站点，如"http://www.ptal.com"，单击"添加"按钮，则该网站被设置成受限网站，在访问时将被限制。单击"关闭"按钮，返回如图 6-4 所示对话框。

④ 单击"确定"按钮，即可完成上述设置。

操作 3 "内容"选项设置

在图 6-1 中,单击"内容"标签,弹出如图 6-6 所示的对话框,在此可进行"内容"选项的各项设置,具体操作如下:

① 设置"内容审查程序":单击"启用"按钮,弹出如图 6-7 所示对话框。

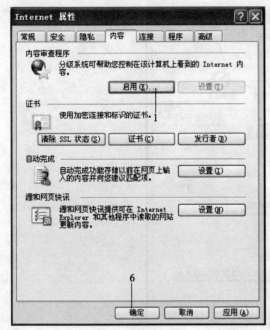

图 6-6 "内容"选项卡   图 6-7 "内容审查程序"对话框

② 单击"分级"标签。

③ 选择类别,如"暴力"。

④ 设置查看内容:拖动滑块到"受限的",则所选类别的内容在访问时将被限制。

⑤ 单击"确定"按钮,弹出"创建监护人密码"对话框,在此输入密码。

⑥ 单击"确定"按钮,完成设置。

四、技能拓展

1. 清除上网痕迹

IE 浏览器提供了一个"自动完成"功能,用户在上网过程中,在 URL 地址栏或网页文本框中所输入的网址及其他信息会被 IE 自动记住。这样当用户再次重新输入这些网址或信息的第 1 个字符或文字时,这些被输入过的网址或信息就会自动列表显示出来,就好像留下"痕迹"一样。虽然给用户带来方便,但同时也给用户带来潜在的泄密危险。要清除上网"痕迹",可通过 IE 的"内容"选项中"自动完成"来设置。

在图 6-6 中,单击"自动完成"中的"设置"按钮,弹出如图 6-8 所示的对话框,将已选的相应选项中的"√"去除即可。

2. 提高上网速度

网页上不但提供图文并茂的文本文件, 有的网页上还配有声音和动画等视频文件。在浏览网页时, 传送一幅图像或一段视频需要花很长时间。通过 IE 的"高级"选项卡设置, 如关闭图像或动画, 需要时再打开, 这样不但可以节省时间、提高上网浏览速度和效率, 同时对上网流量有限制的用户, 还可以节省上网费用。

在图 6-1 中, 单击"高级"标签, 弹出如图 6-9 所示的对话框, 用户可根据情况, 在相应选项中前打"√"来进行适当设置。

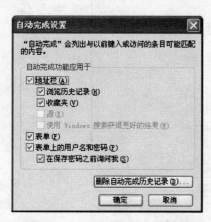

图 6-8　"自动完成设置"对话框

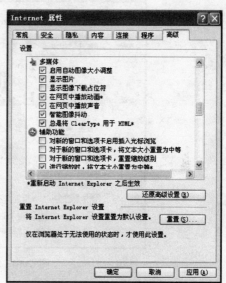

图 6-9　"高级"选项卡

实训 2　信息检索及相关网页内容的保存

一、实训目标

1. 掌握利用"百度"作为搜索工具进行信息检索的方法。
2. 掌握保存网页内容和收藏网页的方法。

二、实训内容

1. 关键字搜索。
2. MP3 搜索歌曲。
3. 保存网页内容。
4. 收藏网页。

三、实训步骤

要想利用"百度"作为搜索工具进行信息检索，首先必须打开"百度"网站的首页。打开
IE 浏览器，在 URL 地址栏中输入"http://www.baidu.com"并按 Enter 键，即可打开"百度"首
页，如图 6-10 所示，在此可进行信息搜索。

图 6-10 "百度"首页

操作 1　关键字搜索

① 在信息搜索文本框中输入所要检索的关键字，如"程序员考试"。

② 单击"百度一下"按钮，即可打开一个网页，该网页上显示了与"程序员考试"的有关
信息标题，如图 6-11 所示。

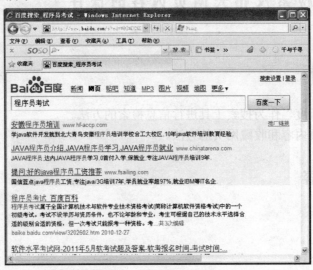

图 6-11 关键字搜索结果

③ 单击其中某条感兴趣的信息标题，即可对该标题进行详细查询。

操作 2 MP3 搜索歌曲

① 单击"百度"首页导航条上的"MP3"链接，即可进入百度 MP3 搜索页面，如图 6-12 所示。该页面中显示了有关 MP3 格式的歌曲和歌手名字。

② 单击其中感兴趣的歌曲或歌手，即可听到歌曲。有的网站还提供相应歌曲的歌词以及下载功能，可以把该歌曲下载到自己的 MP3 或手机中。

图 6-12 MP3 搜索

操作 3 保存网页内容

在如图 6-12 所示的当前页面上，选择菜单"文件"→"另存为"命令，系统会弹出"保存网页"对话框，如图 6-13 所示，在此，可对该网页进行保存，具体操作如下：

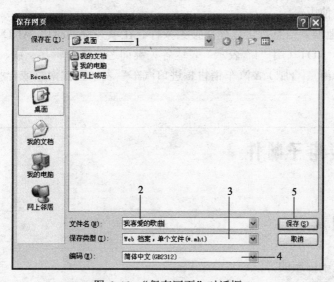

图 6-13 "保存网页"对话框

① 指定保存位置，如"桌面"。

② 指定保存的文件名，如"我喜爱的歌曲"。

③ 选择保存类型，如"Web"类型。

④ 选择保存网页的文字编码，如"简体中文"。

⑤ 单击"保存"按钮，即可将自己喜爱的网页保存，下次要访问该网页时，直接在桌面上双击打开即可。

操作 4   收藏网页

在如图 6-12 所示的当前页面上，选择菜单"收藏夹"→"添加到收藏夹"命令，将弹出如图 6-14 所示的对话框，此时，可将自己喜爱的网页添加到"收藏夹中"，具体操作如下：

① 在名称框中输入网页名，如"我喜爱的歌曲"。

② 单击"添加"按钮，即可将当前网页添加到收藏夹中，下次访问该网页时直接从收藏夹中打开。

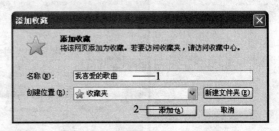

图 6-14 "添加收藏"对话框

四、技能拓展

1. 关键字组合搜索

搜索引擎是目前网络检索的最常用工具。为了更加快速、准确地搜索到用户所需要的信息，除了常用的关键字搜索之外，一般的搜索引擎还支持多个关键字的组合来搜索信息。各关键字之间用 "，" 分隔号、"＋"、"－" 连接号（"＋" 表示包括该信息，"－" 表示去除该信息）。如在搜索文本框中输入"歌曲+戏曲"表示搜索有关歌曲和戏曲的所有信息。

2. 搜索条件的使用

如果想更精确地搜索信息，可以使用搜索条件。在填关键词时用 AND（用 "&" 表示）、OR（用 "|" 表示）、NOT（用 "!" 表示）表达各关键词之间的逻辑与、或、非的关系。如在搜索文本框中输入"（南京|合肥）&汽车销售！进口汽车"表示查找南京或合肥的汽车销售信息，但进口汽车除外。

实训 3 收发电子邮件

一、实训目标

1. 掌握申请电子信箱的方法。

2．掌握收发电子邮件的方法。

二、实训内容

1．申请免费电子信箱。
2．接收电子邮件。
3．发送电子邮件。

三、实训步骤

操作 1 申请免费电子邮箱

要在网上收发电子邮件，必须先申请一个电子信箱。本实训以在"新浪"网站中申请免费电子信箱为例，介绍申请电子信箱的方法。具体操作如下：

① 打开 IE 浏览器，在 URL 地址栏中输入网址"http://www.sina.com"，打开新浪网站的主页，单击网页上的"邮箱"链接，打开登录邮箱页面，如图 6-15 所示。

② 单击邮箱页面上的"注册免费邮箱"按钮，弹出如图 6-16 所示的页面。

③ 在该页面上按要求和步骤填写注册信息，在此以"chzyabc"为用户名，并选择邮箱名为"chzyabc@sina.com"。

④ 填写完后，单击"提交"按钮。此时将把用户填写的信息递交给邮件服务器，经审核合格后即可分配给用户一个免费电子邮箱。

图 6-15 "新浪"免费邮箱申请

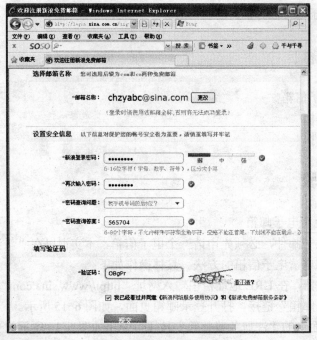

图 6-16 填写注册信息

操作 2 接收电子邮件

当电子邮箱申请成功后，用户就可以登录邮箱并利用该邮箱收发电子邮件了。在如图 6-15 所示的邮箱登录页面中，输入申请时所填写的用户名和密码，如"chzyabc@sina.com"，单击"登录"按钮，此时就可登录到用户的邮箱，如图 6-17 所示。具体操作如下：

图 6-17 "新浪"电子邮箱

① 单击"收信"按钮,即可打开收件箱,若邮箱中有新邮件,系统将给出提示,此时可以看到申请成功时邮件服务器回复的一封邮件,主题为"欢迎使用新浪……"。

② 单击邮件的标题,查看邮件的具体内容。

③ 单击"删除"按钮,可将选定的邮件删除。

④ 单击"移动到"按钮,可将选定的邮件移动到指定位置。

操作 3 发送电子邮件

单击如图 6-17 所示的邮箱页面左边导航栏中的"写信"按钮即可打开写邮件的界面,如图 6-18 所示。具体操作如下:

① 单击"写信"按钮,可进入写邮件状态。

② 填写收件人的 E-mail 地址,如"chzylhp@163.com"。

③ 填写邮件主题,如"第一封电子邮件"。

图 6-18 利用电子邮箱写信

④ 在"正文"文本框中输入邮件的具体内容。

⑤ 单击"上传附件"按钮,可发送带有附件的邮件,此时在弹出的对话框中找到附件文件,并将其添加到邮件中。

⑥ 单击"发送"按钮,即可将邮件连同附件一起发送给指定的收件人。

⑦ 单击"关闭"按钮,退出并关闭邮箱。

四、技能拓展

1. 使用群发单显

在图 6-18 中，单击收件人上方的"使用群发单显"按钮，可以同时给多人发送同一封邮件。在填写收件人地址时，各收件人地址用"；"隔开。这样对于多个收件人，采用一对一分别单独发送，每个收件人只看到自己的地址，从而极大提高邮件发送的效率。

2. 使用自动回复

在图 6-18 中，单击页面右上方的"设置"按钮，打开邮箱设置选项的页面，如图 6-19 所示。单击"自动回复"的"启用"单选按钮，并在消息文本框中输入所要回复的信息，如"你好！你发送的邮件已收到！"。这样一旦收到信件，系统就会自动回复给发件人一封邮件，以便对方确认邮件是否被接收到。

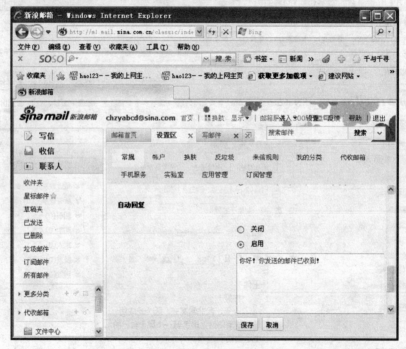

图 6-19 邮件"自动回复"设置

第8章

信息（数据）安全

实训 360安全卫士安装与运行

一、实训目标

1. 掌握360系列软件的下载方法。
2. 掌握360安全卫士的安装方法。
3. 掌握360安全卫士的操作运行方法。

二、实训内容

运行如图8-1所示的360安全卫士。

图8-1 360安全卫士运行界面

1．360 安全卫士的下载。

2．360 安全卫士安装路径选择。

3．运行 360 安全卫士。

三、实训步骤

首先进入 360 官方网站进行安装软件的下载，然后安装。安装成功后再运行该软件。

操作 1　下载 360 安全卫士安装软件

首先进入 360 官方网站（www.360.cn），找到 360 安全卫士下载区。下载 360 安全卫士安装软件，并保存在指定的存储位置，如图 8-2 所示。

图 8-2　下载 360 安全卫士

操作 2　安装 360 安全卫士

1．安装路径的选择

找到下载的 360 安装软件，进行软件的安装。按照安装步骤提示一步一步进行。在安装的过程中，注意安装路径的选择，如图 8-3 所示。在默认情况下，一般是安装在系统盘，也可以根据自己的选择路径安装。

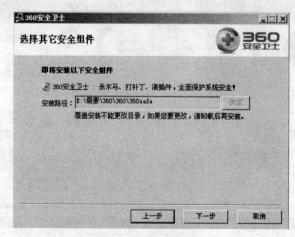

图 8-3　选择安装路径

2．安装过程操作

选择好安装路径后，确认下一步，软件自动安装，如图 8-4 所示。

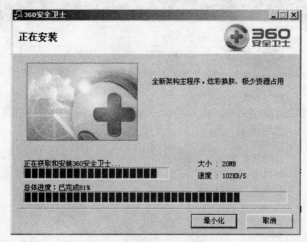

图 8-4　正在安装

3．完成安装

360 软件安装完成后，会出现一个"安装完成"对话框，单击"完成"按钮即可，如图 8-5 所示。

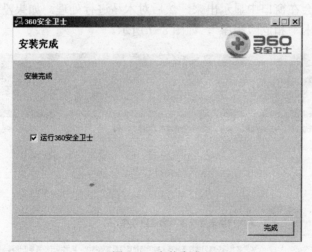

图 8-5　安装完成

操作 3　运行操作 360 安全卫士

360 安全卫士安装成功后，就可以运行操作了。打开 360 安全卫士，界面上有电脑体验、查杀木马、清理插件、修复漏洞、清理垃圾、清理痕迹、系统修复、功能大全、软件管家等操作选项。

操作 4　选项操作

用户可以根据自己计算机的实际情况应用 360 安全卫士选项进行针对性的操作。图 8-6 所示是查杀木马选项的操作。软件对计算机进行扫描查找木马，然后对查找到的木马进行处理。

图 8-6 查杀木马

如果查找到木马会在窗口中显示出来,然后对木马进行处理。如果没有查找到木马,则显示"本次扫描未发现木马和危险程序",如图 8-7 所示。

图 8-7 扫描结果

其他选项的操作不再一一介绍了。希望同学们在上机操作时多熟悉其他的选项。

四、技能拓展

① 360 软件是一个系列软件，每一个软件所具有的功能各不相同。可以通过上面的实训方法下载安装其他的 360 软件，然后运行该软件，如图 8-8 所示 360 系列软件。

图 8-8　360 系列软件

② 除了上述介绍的 360 系列软件，还有其他的安全防护软件，也可以尝试应用安装：

- 瑞星系列安全防护软件。
- 江民系列安全防护软件。
- 诺顿安全防护软件。

第二篇

模拟练习题

第1章 计算机基础知识

一、单项选择题

1. 下列叙述中，不属于电子计算机特点的是_____。
   A. 运算速度快 　　　　　　　　B. 计算精度高
   C. 高度自动化 　　　　　　　　D. 高度智能的思维方式

2. 把计算机分为巨型机、大中型机、小型机和微型机，本质上是按_____划分。
   A. 计算机的体积 　　　　　　　B. CPU 的集成度
   C. 计算机总体规模和运算速度 　D. 计算机的存储容量

3. 电子计算机的分代主要是根据_____来划分的。
   A. 年代 　　　B. 电子元件 　　　C. 工作原理 　　　D. 操作系统

4. 计算机最主要的工作特点是_____。
   A. 存储程序与自动控制 　　　　B. 高速度
   C. 高精度 　　　　　　　　　　D. 高可靠性

5. 我国具有自主知识产权 CPU 的名称是_____。
   A. 东方红 　　　B. 银河 　　　C. 曙光 　　　D. 龙芯

6. 我国自行设计研制的银河Ⅱ型亿次计算机按其规模和运算速度来说属于_____。
   A. 微型计算机 　　B. 小型计算机 　　C. 中型计算机 　　D. 巨型计算机

7. 分子计算机的基础是制造出单个的分子，其功能与_____及今天的微电路的其他重要部件相同或相似。
   A. 电阻 　　　B. 电容 　　　C. 电荷 　　　D. 三极管、二极管

8. 计算机中采用二进制，是因为_____。
   A. 可降低硬件成本 　　　　　　B. 两个状态的系统具有稳定性
   C. 二进制的运算法则简单 　　　D. 上述三个原因

9. 下列有关信息的描述正确的是_____。
   A. 只有以书本的形式才能长期保存信息
   B. 数字信号比模拟信号易受干扰而导致失真
   C. 计算机以数字化的方式对各种信息进行处理
   D. 信息的数字化技术已初步被模拟化技术所取代

10. 下面最能反映计算机主要功能的是_____。
    A. 计算机可以代替人的脑力劳动
    B. 计算机可以存储大量的信息
    C. 计算机可以实现高速度的运算
    D. 计算机是一种信息处理机

11. 计算机术语中，英文 CAT 是指_____。
    A. 计算机辅助制造 　　　　　　B. 计算机辅助设计

　　C. 计算机辅助测试　　　　　　D. 计算机辅助教学

12. 辅助教学软件属于_____软件。

　　A. CAM　　　　B. CAD　　　　C. CAS　　　　D. CAI

13. 邮局利用计算机对信件进行自动分拣的技术是_____。

　　A. 机器翻译　　　　　　　　　B. 自然语言理解

　　C. 过程控制　　　　　　　　　D. 模式识别

14. 微型计算机的发展以_____技术为特征标志。

　　A. 操作系统　　　B. 微处理器　　　C. 磁盘　　　　D. 软件

15. 微型计算机中使用的关系数据库，就应用领域而言属于_____。

　　A. 数据处理　　　B. 科学计算　　　C. 实时控制　　　D. 计算机辅助设计

16. 机器人技术属于_____。

　　A. 科学计算　　　B. 人工智能　　　C. 数据处理　　　D. 计算机辅助设计

17. CAD 软件可用来绘制_____。

　　A. 机械零件　　　B. 建筑设计　　　C. 服装设计　　　D. 以上都对

18. "神舟七号"飞船通过计算机进行飞行状态调整属于_____。

　　A. 科学计算　　　　　　　　　B. 数据处理

　　C. 计算机辅助设计　　　　　　D. 实时控制

19. 微型机的中央处理器主要集成了_____。

　　A. 控制器和 CPU　　　　　　　B. 控制器和存储器

　　C. 运算器和 CPU　　　　　　　D. 运算器和控制器

20. 微型计算机性能的主要衡量指标有运算速度、字长、指令系统、I/O 速度和_____五项。

　　A. 内存容量　　　　　　　　　B. 二进制位数

　　C. 光驱速度　　　　　　　　　D. 电源功率

21. 现在采用的双核处理器，双内核的主要作用是_____。

　　A. 加快了处理多媒体数据的速度

　　B. 处理信息的能力和单核相比，加快了一倍

　　C. 加快了处理多任务的速度

　　D. 加快了从硬盘读取数据的速度

22. "64 位微型机"中的"64"是指_____。

　　A. 微型机型号　　B. 机器字长　　C. 内存容量　　D. 显示器规格

23. 计算机五大组成部件包括_____。

　　A. CPU、控制器、存储器、输入设备、输出设备

　　B. 控制器、运算器、存储器、输入设备、输出设备

　　C. CPU、运算器、主存储器、输入设备、输出设备

　　D. CPU、控制器、运算器、主存储器、输入/输出设备

24. CPU 中运算器的主要功能是_____。

　　A. 负责读取并分析指令　　　　B. 算术运算和逻辑运算

　　C. 指挥和控制计算机的运行　　D. 存储运算结果

25. 计算机中主板上采用的电源为_____。

　　A. 交流电　　　　B. 直流电　　　　C. 交流电或直流电　　D. UPS

26. 下列_____ CPU 不是由 Intel 公司生产的。

　　A. 酷睿双核　　B. 80486　　　　C. Pentium Ⅱ　　　　D. AMD 3000+

27. 目前全球最大的 CPU 芯片生产厂商是_____。

　　A. AMD 公司　　　　　　　　　B. Microsoft（微软）公司

　　C. OMRON 公司　　　　　　　　D. Intel（英特尔）公司

28. 在计算机系统中，指挥、协调计算机工作的设备是_____。

　　A. 显示器　　　B. CPU　　　　C. 内存　　　　D. 打印机

29. 多媒体计算机的硬件一般必须配备_____。

　　A. 显卡　　　　B. 声卡　　　　C. 网卡　　　　D. 调制解调器

30. 在多媒体系统中，扩展名为.wav 的文件类型是_____。

　　A. 音频文件　　B. 图像文件　　C. 文本文件　　D. 可执行文件

31. 在网上观赏.rm 格式的电影，一般应该使用_____播放器。

　　A. Windows Media Player　　　　B. CD 唱机

　　C. 录音机　　　　　　　　　　　D. RealPlayer 实时播放器

32. 下列各项中，_____属于多媒体功能卡。

　　A. 网卡　　　　B. IC 卡　　　　C. 视频捕获卡　　D. SCSI 卡

33. 下列多媒体文件，_____的扩展名是.MPEG。

　　A. 音频　　　　B. 乐器数字　　C. 动画　　　　D. 视频

34. 一个完整的多媒体计算机系统，应包含_____三个组成部分。

　　A. 多媒体硬件平台、多媒体软件平台和多媒体创作工具

　　B. 文字处理系统、声音处理系统和图像处理系统

　　C. 主机、声卡和图像卡

　　D. 微机系统、打印系统和扫描系统

35. 目前多媒体技术应用广泛，通常的卡拉 OK 歌厅普遍采用 VOD 系统，VOD 是指_____。

　　A. 图像格式　　B. 语音格式　　C. 总线标准　　D. 视频点播

36. 假设机箱内已正确插入了高质量的声卡，但始终没有声音，其原因可能是_____。

　　A. 没有安装音响或音响没有打开

　　B. 音量调节过低

　　C. 没有安装相应的驱动程序

　　D. 以上都有可能

37. 十六进制数"BD"转换为等值的八进制数是_____。

　　A. 274　　　　B. 275　　　　C. 254　　　　D. 264

38. 位是计算机中最小的存储单位，则微机中 1 K 字节表示的二进制位数是_____。

　　A. 1 000　　　B. 8 × 1 000　　C. 1 024　　　D. 8 × 1 024

39. 十六进制数 3FC3 转换为相应的二进制数是_____。

　　A. 11111111000011　　　　　　B. 01111111000011

　　　　C．01111111000001　　　　　　　　　D．11111111000001

40．执行二进制算术加 11001001+00100111 的结果是_____。

　　A．11101111　　　B．11110000　　　C．00000001　　　D．10100010

41．用 8 位二进制表示带符号的整数范围是_____。

　　A．–127～+127　　B．–127～+128　　C．–128～+127　　D．–128～+128

42．二进制数 10001000 转化成的十六进制数为_____。

　　A．88H　　　　　B．88　　　　　　C．136H　　　　　D．136

43．执行逻辑或运算 0101∨1100 的结果为_____。

　　A．0101　　　　　B．1100　　　　　C．1001　　　　　D．1101

44．用一个字节表示无符号整数，能表示的最大整数是_____。

　　A．无穷大　　　　B．128　　　　　C．256　　　　　D．255

45．下列不同进制的 4 个数中，最大的是_____。

　　A．1010011B　　　B．557Q　　　　C．512D　　　　D．1FFH

46．如果用 8 位二进制补码表示带符号的整数，则能表示的十进制数的范围是_____。

　　A．–127～+127　　　　　　　　　　B．–127～+128

　　C．–128～+127　　　　　　　　　　D．–128～+128

47．在计算机内部，机器码的形式是_____。

　　A．ASCII 码　　　B．BCD 码　　　C．二进制　　　　D．十六进制

48．ASCII 码是指_____。

　　A．国际标准信息交换码　　　　　　B．欧洲标准信息交换码

　　C．中国国家标准信息交换码　　　　D．美国标准信息交换码

49．在 24×24 点阵字库中，存储一个汉字的字模信息需用的字节数是_____。

　　A．8　　　　　　　B．24　　　　　　C．48　　　　　　D．72

50．下列字符中，ASCII 码值最大的是_____。

　　A．Y　　　　　　　B．y　　　　　　C．A　　　　　　D．a

51．关于汉字字库的描述错误的是_____。

　　A．汉字字库有软字库和硬字库两种

　　B．汉字字库由 GB 2312－80 国标码组成

　　C．软字库是将汉字字库文件存储在硬盘中

　　D．汉字字库保存的是汉字的字形码

52．在 ASCII 码表中，按照 ASCII 码值从小到大的排列顺序是_____。

　　A．数字、英文大写字母、英文小写字母

　　B．数字、英文小写字母、英文大写字母

　　C．英文大写字母、英文小写字母、数字

　　D．英文小写字母、英文大写字母、数字

53．标准 ASCII 编码在机器中表示方法的准确描述是_____。

　　A．使用 8 位二进制代码，最右边一位为 1

　　B．使用 8 位二进制代码，最左边一位为 0

C. 使用 8 位二进制代码，最右边一位为 0

D. 使用 8 位二进制代码，最左边一位为 1

54. 在微机的性能指标中，内存条的容量通常是指_____。

    A. RAM 的容量   B. ROM 的容量

    C. RAM 和 ROM 的容量之和   D. CD-ROM 的容量

55. 相同容量的计算机的内存储器比外存储器_____。

    A. 更便宜   B. 能存储更多的信息

    C. 较贵，但速度快   D. 以上说法都不对

56. 微机中的每个存储单位都被赋予一个唯一的序号，该序号称为_____。

    A. 地址   B. 编号   C. 容量   D. 字节

57. 在计算机中，高速缓存（Cache）的作用是_____。

    A. 匹配 CPU 与内存的读写速度

    B. 匹配外存与内存的读写速度

    C. 匹配 CPU 内部的读写速度

    D. 匹配计算机与外设的读写速度

58. 计算机是通过_____来访问存储单元的。

    A. 文件   B. 操作系统   C. 硬盘   D. 地址

59. 计算机内存比外存_____。

    A. 存储容量大   B. 存取速度快

    C. 便宜（同等容量）   D. 不便宜但能存储更多的信息

60. 现在一般的微机内部有二级缓存（Cache），其中一级缓存位于_____内。

    A. CPU   B. 内存   C. 主板   D. 硬盘

61. 某微机内存是 1 GB，指该微机有 1 GB 的_____。

    A. RAM   B. ROM

    C. RAM 和 ROM   D. 高速缓存

62. 计算机程序必须在_____中才能运行。

    A. 内存   B. 软盘   C. 硬盘   D. 网络

63. USB 是一种可以连接多个设备的高速通用串行接口，现在已经在 PC 中普遍使用。下列关于 USB 的叙述，正确的是_____。

    A. 从外观上看，USB 连接器与 PC 并行口连接器差不多

    B. USB 接口 2.0 版的数据传输速度肯定要比 1.1 版快一倍

    C. USB 能够通过其连接器引脚向外设供电

    D. USB 采用并行方式进行数据传输，以提高数据的传输速度

64. 微型计算机的外存储器虽不能直接与 CPU 进行信息交换，但可以与_____直接进行信息交换。

    A. 运算器   B. 控制器   C. 微处理器   D. 内存

65. CD-ROM 是一种光盘存储器，其特点是_____。

    A. 可以读出，也可以写入   B. 只能写入

　　C．易失性　　　　　　　　　　　　D．只能读出，不能写入

66．用户可以多次向其中写入信息的光盘是_____。

　　A．CD-ROM　　　B．CD-R　　　　C．CD-RW　　　　　D．DVD-ROM

67．移动硬盘是一种_____存储器。

　　A．只能读不能写的

　　B．可正常读写的便携式

　　C．通过 IDE 总线与主板相连的

　　D．在 Windows XP 系统下可即插即用的

68．广为流行的 Mp3 播放器采用的存储器是_____。

　　A．数据既能读出，又能写入，所以是 RAM

　　B．数据在断电的情况下不丢失，应该是磁性存储器

　　C．静态 RAM，稳定性好，速度快

　　D．闪存，只要给定擦除电压，就可更新信息，断电后信息不丢失

69．在对硬盘的下列操作中，最容易磨损硬盘的是_____。

　　A．在硬盘上建立目录　　　　　　　B．对硬盘进行分区

　　C．高级格式化　　　　　　　　　　D．低级格式化

70．下列有关外存储器的描述错误的是_____。

　　A．外存储器不能被 CPU 直接访问，必须通过内存才能被 CPU 使用

　　B．外存储器既是输入设备，又是输出设备

　　C．外存储器中所存储的信息和内存一样，在断电后信息也会随之丢失

　　D．扇区是磁盘存储信息的最小单位

71．下列有关存储器读写速度排列正确的是_____。

　　A．RAM>Cache>硬盘>软盘　　　　B．Cache>RAM>硬盘>软盘

　　C．Cache>硬盘>RAM>软盘　　　　D．RAM>硬盘>软盘>Cache

72．在计算机中，采用虚拟存储器的目的是_____。

　　A．提高主存储器的速度　　　　　　B．扩大外存储器的容量

　　C．扩大内存储器的寻址空间　　　　D．提高外存储器的速度

73．U 盘使用的存储器属于_____。

　　A．RAM　　　　　　　　　　　　　B．CD-ROM

　　C．闪存（Flash Memory）　　　　　D．磁盘

74．PC 上通过键盘输入一段文章时，该段文章首先存放在主机的_____中，如果希望将这段文章长期保存，应以_____形式存储于_____中。

　　A．内存、文件、外存　　　　　　　B．外存、数据、内存

　　C．内存、字符、外存　　　　　　　D．键盘、文字、打印机

75．计算机的硬盘盘片是涂上磁性材料的铝合金圆盘。硬盘按柱面、磁道和_____组织存储。

　　A．扇区　　　　B．坐标　　　　　C．同心圆　　　　　D．方向

76．假设显示器目前的分辨率为 800×600 像素，每个像素用 24 位真彩色显示，其显示一

幅图像所需容量是_____个字节。

    A. $800 \times 600 \times 24$ B. $800 \times 600 \times 3$

    C. $800 \times 600 \times 2$ D. 800×600

77. 下面关于计算机外设的叙述中，错误的是_____。

    A. 视频摄像头只能是输入设备

    B. 扫描仪是输入设备

    C. 显示器是输出设备

    D. 激光打印机属于击打式打印机

78. 下列关于液晶显示器的叙述，错误的是_____。

    A. 工作电压低、功耗小

    B. 几乎没有辐射

    C. 他的英文缩写是 LCD

    D. 与 CRT 显示器不同，不需要显卡

79. 喷墨打印机属于_____。

    A. 击打式打印机   B. 非击打式打印机

    C. 针式打印机   D. 点阵打印机

80. 屏幕保护程序主要作用是_____。

    A. 节俭电能   B. 延长显示器寿命

    C. 维护 CPU   D. 以上都不对

81. 下面关于显示器的叙述中，错误的是_____。

    A. 显示器的分辨率与微处理器的型号有关

    B. 显示器的分辨率为 $1\,024 \times 768$ 像素，表示一屏幕水平方向每行有 $1\,024$ 个点，垂直方向每列有 768 个点

    C. 显示卡是驱动、控制计算机显示器以显示文本、图形、图像信息的硬件装置

    D. 像素是显示屏上能独立赋予颜色和亮度的最小单位

82. A09007 微机与并行打印机连接时，打印机的信号线应连接在计算机的_____上。

    A. 并行接口   B. 串行接口   C. 扩展 I/O 接口   D. USB 接口

83. 在微型机中，一般有 IDE、SCSI、并口、USB 等 I/O 接口方式，则 I/O 接口是位于_____。

    A. 总线和 I/O 设备之间   B. CPU 和 I/O 设备之间

    C. 主机和总线之间   D. CPU 和主存储器之间

84. 在微型机中，主板上有若干个如 PCI、AGP 等扩展槽，其作用是_____。

    A. 连接外设接口卡   B. 连接 CPU 和存储器

    C. 连接主机和总线   D. 连接存储器和电源

85. 以下对总线的描述中，错误的是_____。

    A. 总线分为信息总线和控制总线两种

    B. 内部总线也称为片间总线

    C. 总线的英文表示就是 BUS

    D. 总线分为数据总线、地址总线、控制总线

86. 总线是硬件各部分实现相互连接、传递信息的连接线路，下列_____不是计算机的总线标准。

  A．AGP   B．PCI   C．ISA   D．ISO

87. 在计算机市场中，较多地使用了独立显卡，独立显卡是指_____。

  A．显卡相对于存储器是独立的

  B．显卡相对于显示器是独立的

  C．显卡相对于 CPU 是独立的

  D．显卡相对于主板是独立的

88. 微型计算机系统通过系统总线把 CPU、存储器和外设连接起来，总线通常由_____组成。

  A．数据总线、地址总线和控制总线

  B．数据总线、信息总线和传输总线

  C．地址总线、运算总线和逻辑总线

  D．逻辑总线、传输总线和通信总线

89. 在计算机中，外设与 CPU_____。

  A．直接相连   B．经过接口相连

  C．无连接标准   D．在生产时集成在一起

90. 全角英文字符与半角英文字符在输出时_____不同。

  A．字号   B．字体   C．宽度   D．高度

91. 计算机可直接执行的指令一般由_____组成。

  A．内容和地址   B．数据流和控制流

  C．操作码和操作数   D．内码和外码

92. 指令的执行是由计算机的_____来执行的。

  A．控制部分 B．存储部分 C．输入/输出部分 D．算术和逻辑部分

93. 一条计算机指令一般有两部分构成，其中规定指令执行功能的部分称为_____。

  A．源地址码 B．操作码 C．目标地址码   D．数据码

94. 键盘上的"基准键"指的是_____。

  A．"F"和"J"这两个键

  B．"A、S、D、F"和"J、K、L、"八个键

  C．"1、2、3、4、5、6、7、8、9、0"十个键

  D．左右两个"Shift"键

95. 关于软件的概念，下列_____是正确的。

  A．软件就是程序

  B．软件就是说明

  C．软件就是指令

  D．软件是程序、数据及相关文档的集合

96. 通常所说的共享软件是指_____。

  A．盗版软件

B. 一个人购买的商业软件，大家都可以借来使用

C. 是在试用基础上提供的一种商业软件

D. 不受版权保护的公用软件

97. 下列系统软件与应用软件的安装与运行说法中，正确的是_____。

A. 首先安装哪一个无所谓

B. 两者同时安装

C. 必须先安装应用软件，而后安装并运行系统软件

D. 必须先安装系统软件特别是操作系统，而后才能安装、运行应用软件

98. 对计算机软件的认识正确的是_____。

A. 计算机软件不需要维护

B. 计算机软件只要能复制就不必购买

C. 受法律保护的计算机软件不能随便复制

D. 计算机软件不必备份

99. 关于程序和软件，下列说法正确的_____。

A. 程序仅指软件   B. 软件包括程序

C. 程序包括软件   D. 软件仅有程序

100. 下列关于系统软件的叙述中，正确的是_____。

A. 系统软件与具体应用领域无关

B. 系统软件与具体的硬件无关

C. 系统软件是在应用软件基础上开发的

D. 系统软件就是指操作系统

101. 计算机的驱动程序属于下列_____类软件。

A. 应用软件   B. 图像软件

C. 系统软件   D. 文字处理软件

102. 下列叙述中，正确的说法是_____。

A. 编译程序、解释程序和汇编程序不是系统软件

B. 故障诊断程序、人事管理系统属于应用软件

C. 操作系统、财务管理程序都不是应用软件

D. 操作系统和各种程序设计语言的处理程序都是系统软件

103. 下列有关计算机程序的说法，正确的是_____。

A. 程序都在 CPU 中存储并运行

B. 程序由外存读入内存后，在 CPU 中执行

C. 程序在外存中存储并执行

D. 程序在内存中存储，在外存中执行

104. 多任务机制是指操作系统可以控制_____时间分配，使计算机同时执行多个应用程序。

A. 控制器   B. 运算器   C. 存储器   D. CPU

105. 计算机操作系统是协调和管理计算机软硬件资源，同时还是_____之间的接口。

A. 主机和外设   B. 用户和计算机

      C．系统软件和应用软件   D．高级语言和计算机语言

106．在下列叙述中，正确的是_____。

      A．所有类型的程序设计语言及其编写的程序均可以直接运行

      B．程序设计语言及其编写的程序必须在操作系统支持下运行

      C．操作系统必须在程序设计语言的支持下运行

      D．程序设计语言都是由英文字母组成的

107．目前，我国自主研发的第一套服务器操作系统的名字是_____。

      A．龙芯   B．曙光   C．麒麟   D．银河-Ⅱ

108．下面关于操作系统的叙述中，错误的是_____。

      A．操作系统是用户与计算机之间的接口

      B．操作系统直接作用于硬件上，并为其他软件提供支持

      C．操作系统可分为单用户、多用户等类型

      D．操作系统可以编译高级语言源程序

109．以下使用计算机的不好习惯是_____。

      A．将用户文件建立在所用系统软件的子目录内

      B．对重要的数据常作备份

      C．关机前退出所有应用程序

      D．使用标准的文件扩展名

110．目前有两种程序设计方法，其中C语言程序设计所采用的设计方法是传统的_____。

      A．面向用户   B．面向问题   C．面向过程   D．面向对象

二、多项选择题

1．计算机不能正常启动，则可能的原因有_____。

      A．电源故障   B．操作系统故障   C．主板故障   D．内存条故障

2．多媒体信息包括_____。

      A．光盘、声卡   B．音频、视频   C．影像、动画   D．文字、图形

3．下列关于计算机软件系统组成的叙述中，错误的有_____。

      A．软件系统由程序和数据组成

      B．软件系统由软件工具和应用程序组成

      C．软件系统由软件工具和测试软件组成

      D．软件系统由系统软件和应用软件组成

4．下列有关计算机操作系统的叙述中，正确的有_____。

      A．操作系统属于系统软件

      B．操作系统只负责管理内存储器，而不管理外存储器

      C．UNIX 是一种操作系统

      D．计算机的处理器、内存等硬件资源也由操作系统管理

5．正确使用硬盘应遵循_____。

      A．使用时避免频繁开关机器   B．每次使用前必须进行低级格式化

      C．避免震动   D．经常清洗

6. 在计算机的显示器中，目前常用的有_____。

    A. 阴极射线管显示器   B. 等离子显示器

    C. 液晶显示器   D. 以上都不常用

7. 下列汉字输入法中，有重码的输入法有_____。

    A. 微软拼音输入法   B. 区位码输入法

    C. 智能 ABC 输入法   D. 五笔字型输入法

8. 下列存储器中，CPU 能直接访问的有_____。

    A. 内存储器   B. 硬盘存储器

    C. Cache（高速缓存）   D. 光盘

9. 当前巨型机的主要应用领域有_____。

    A. 办公自动化   B. 核武器和反导弹武器设计

    C. 空间技术   D. 辅助教学

10. 以下属于获取图形图像数据有效途径的有_____。

    A. 用软件创作   B. 用扫描仪扫描

    C. 用数码相机拍摄   D. 从屏幕、动画、视频中捕捉

第2章 Windows XP 操作系统

一、单项选择题

1. 按一般操作方法，下列对 Windows XP 桌面图标的叙述，错误的是_____。

    A. 所有图标都可以重命名   B. 所有图标可以重新排列

    C. 所有图标都可以删除   D. 桌面图标样式都可更改

2. 下面关于 Windows XP 窗口的描述中，错误的是_____。

    A. 窗口是 Windows 应用程序的用户界面

    B. Windows 的桌面也是 Windows 窗口

    C. 用户可以改变窗口的大小

    D. 窗口主要由边框、标题栏、菜单栏、工作区、状态栏、滚动条等组成

3. Windows XP 的"开始"菜单集中了 XP 的很多功能，下列对其描述准确的是_____。

    A. "开始"菜单就是计算机启动时所打开的所有程序的列表

    B. "开始"菜单是用户运行 Windows 应用程序的入口

    C. "开始"菜单是当前系统中的所有文件

    D. "开始"菜单代表系统中的所有可执行文件

4. Windows XP 菜单中带省略号（…）的命令菜单意味着_____。

    A. 当前菜单不可用   B. 打开一个对话框

    C. 当前菜单命令有效   D. 本菜单命令有下一级菜单

5. 在 Windows XP 中，"开始"菜单里的"运行"项的功能不包括_____。

    A. 通过命令形式运行一个程序

B．通过键入"cmd"命令进入虚拟 DOS 状态

C．通过运行注册表程序可以编辑系统注册表

D．设置鼠标操作

6．关于 Windows XP 的"回收站"，下列叙述中正确的是_____。

A．利用"回收站"，只能恢复刚刚被删除的文件、文件夹

B．利用"回收站"，可以恢复其中的任一文件、文件夹

C．利用"回收站"，可以恢复所有被删除的磁盘文件，不论文件被删时的大小

D．可以在一定时间范围内恢复被删除的磁盘上的文件、文件夹

7．在 Windows XP 中，在没有清空回收站之前，回收站中的文件或文件夹仍然占用_____空间。

A．内存   B．硬盘   C．软盘   D．光盘

8．Windows XP 桌面底部的任务栏功能很强，但不能在"任务栏"内进行的操作是_____。

A．设置系统日期的时间   B．排列桌面图标

C．排列和切换窗口   D．启动"开始"菜单

9．Windows XP 的特点包括_____。

A．图形界面   B．多任务   C．即插即用   D．以上都对

10．在 Windows XP 中，欲输入汉字，一般先按_____键，切换到输入汉字状态，再输入汉字。

A．Ctrl+Esc   B．Ctrl+空格键   C．Ctrl+Alt   D．Alt+Tab

11．Windows XP 中查找文件时，如果在"全部或部分文件名"框中输入"*.doc"，表明要查找的是_____。

A．文件名为*.doc 的文件   B．文件名中有一个*的 doc 文件

C．所有的 doc 文件   D．文件名长度为一个字符的 doc 文件

12．在 Windows XP 中，当一个已存文档（如用记事本新建的 txt 文本文档）被关闭后，该文档将_____。

A．保存在外存中   B．保存在内存中

C．保存在剪贴板中   D．保存在回收站中

13．进行文件查找时，不能按文件的_____进行查找。

A．属性（只读或隐藏）   B．类型（扩展名）

C．大小   D．创建日期

14．在 Windows XP 中，不同驱动器之间复制文件时可使用的鼠标操作是_____。

A．拖曳   B．Shift+拖曳   C．Alt+拖曳   D．Ctrl+P

15．在 Windows XP 中，当键盘上有某个字符键因损坏而失效，则可以使用中文输入法按钮组中的_____来输入字符。

A．光标键   B．功能键   C．小键盘区键   D．软键盘

16．在 Windows 中，将光盘放入光驱中，光盘内容能自动运行，是因为光盘的根目录上有_____文件。

A．AUTOEXEC．BAT   B．CONFIG.SYS

    C．AUTORUN.INF   D．SETUP.EXE

17．如果要彻底删除系统中已安装的应用软件，最正确的方法是_____。

    A．直接找到该文件或文件夹进行删除操作

    B．用控制面板中"添加/删除程"或软件自带的卸载程序完成

    C．删除该文件及快捷图标

    D．对磁盘进行碎片整理操作

18．在 Windows XP 中，通过"cmd"进入虚拟 DOS 后，可键入_____命令使其返回 Windows XP。

    A．Down   B．Quit   C．Exit   D．Delete

19．Windows XP 文件目录结构采用树形目录结构，其优势主要表现在_____。

    A．可以对文件重命名   B．有利于对文件实行分类管理

    C．提高检索文件的速度   D．能进行存取权限的限制

20．开始菜单中的文档命令保留了最近使用的文档的文档名，如要清空文档名需通过_____。

    A．控制面板

    B．记事本

    C．在任务栏的"属性"对话框的"开始菜单"选项卡中设置

    D．不能清空

21．在 Windows XP 中，屏幕的分辨率常用的有_____。

    A．320 × 200   B．640 × 480

    C．800 × 600 或 1 024 × 768   D．1 024 × 768 或 640 × 480

22．在 Windows XP 中，通过"用户账户"组件不能进行_____操作。

    A．记录账户流量   B．创建新账户

    C．更改账户密码   D．更改账户名称

23．在 Windows XP 中，在控制面板的经典视图状态下，通过_____组件可以查询这台计算机的名称。

    A．日期和时间   B．系统   C．显示   D．自动更新

24．对于 Windows XP 的控制面板，以下说法不正确的_____。

    A．控制面板是提供丰富的组件专门用于更改

    B．Windows 的外观和行为方式的工具

    C．从控制面板中无法删除计算机中已经安装的声卡设备

    D．对于控制面板中的项目，可以在桌面上建立起它的快捷方式

    E．可以通过控制面板删除一个已经安装的应用程序

25．在 Windows XP 的网络方式中，欲打开其他计算机中的文档时文档名的完整格式是_____。

    A．\\计算机名\路径名\文档名   B．文档名\路径名\计算机名

    C．\计算机名\路径名\文档名   D．\计算机名路径名文档名

26．Windows 中的即插即用是指_____。

    A. 在设备测试中帮助安装和配置设备

    B. 使操作系统更易使用、配置和管理设备

    C. 系统设备状态改变后以事件方式通知用户

    D. 以上都对

27. 在 Windows XP 中，经常使用所谓的"即插即用"设备，其"即插即用"的含义是指_____。

    A. 不需要 BIOS 支持即可使用硬件

    B. Windows 系统所能使用的硬件

    C. 安装在计算机上不需要配置任何驱动程序就可使用的硬件

    D. 硬件安装在计算机上后，系统会自动识别并完成驱动程序的安装和配置

28. 在 Windows XP 中删除一个大型应用软件，正确的操作是_____。

    A. 直接删除应用程序所在的目录

    B. 格式化应用程序所在的盘

    C. 在控制面板的添加和删除程序中进行删除

    D. 删除应用程序的 EXE 执行文件

29. Windows XP 中实施打印时，是将打印作业_____。

    A. 直接送往打印机打印

    B. 直接送往打印队列排队等候打印

    C. 直接送往磁盘缓冲区等候打印机打印

    D. 直接送往内存储器等候打印机打印

30. 在 Windows XP 中，如果要安装 Windows XP 中的附加组件，应选择_____。

    A. "控制面板"中"添加/删除程序"下的"更改或删除程序"选项

    B. "控制面板"中"添加/删除程序"下的"添加/删除 Windows 组件"选项

    C. "控制面板"中"添加/删除程序"下的"添加新程序"选项

    D. 不可以安装

二、多项选择题

1. 在 Windows XP 中，用下列方式删除文件，不能通过回收站恢复的有_____。

    A. 按 Shift+Del 组合键删除的文件

    B. U 盘上的被删除文件

    C. 被删除文件的大小超过了"回收站"空间的文件

    D. 在硬盘上，通过按 Del 键正常删除的文件

2. 下列关于 Windows XP 回收站中文件的叙述，正确的有_____。

    A. 文件是用户删除的文件   B. 文件是不占用磁盘空间的

    C. 文件是可恢复的   D. 文件是不可打开运行的

3. 在 Windows XP 中，下列有关回收站的叙述，错误的有_____。

    A. 回收站只能恢复刚刚被删除的文件、文件夹

    B. 可以恢复回收站中的文件、文件夹

    C. 只能在一定时间范围内恢复被删除的磁盘上的文件、文件夹

　　　　D．可以无条件地恢复磁盘上所有被删除的文件、文件夹
4．在 Windows XP 中，下列_____操作可以在"控制面板"中实现。
　　A．创建快捷方式　　　　　　　　　B．添加新硬件
　　C．调整鼠标的使用设置　　　　　　D．进行网络设置
5．下列对控制面板的描述中，说法正确的有_____。
　　A．使用控制面板可以添加/删除软件　　B．使用控制面板可以添加/删除硬件
　　C．使用控制面板可以开发应用软件　　　D．使用控制面板可以设置显示属性
6．在 Windows XP 中修改时间的途径有_____。
　　A．双击任务栏上的时间后修改时间
　　B．使用附件修改时间
　　C．使用控制面板里的"日期/时间"修改时间
　　D．使用控制面板里的"区域设置"修改时间
7．下列有关 Windows 剪贴板的说法，正确的有_____。
　　A．利用剪贴板可以实现一次剪切，多次粘贴的功能
　　B．复制或剪切新内容时，剪贴板上的原有信息将被覆盖
　　C．利用剪贴板可以实现文件或文件夹的复制和移动
　　D．关闭 Windows 操作系统，剪贴板中的信息丢失
8．Windows XP 系统的特点有_____。
　　A．图形界面　　　　　B．多任务　　　　C．单用户　　　D．多用户
9．以下有关 Windows XP 安装的描述，正确的有_____。
　　A．可以在 Windows XP 系统的基础上覆盖原有系统升级安装
　　B．可以与原有系统共存安装
　　C．可以在没有任何 Windows 系统的情况下全新安装
　　D．双系统共存安装完成后，会自动生成开机启动时的系统选择菜单
10．以下关于 Windows XP 的描述，正确的有_____。
　　A．Windows XP 默认桌面上没有"我的电脑"图标
　　B．Windows XP 默认桌面上没有"我的文档"图标
　　C．Windows XP 可以方便地新建、删除用户账户
　　D．Windows XP 不可以进行多用户管理

三、操作题

1．已知考生文件夹下有如下文件夹与文件：

```
考生文件夹─PUB┬DISK──┬KK1.TXT
           │       └SARS.BAT
           ├FOX──┬BAND．DBF
           │     └TEMP.DOC
           └BOOK─SEE
```

请进行以下操作：
　　① 在文件夹 DISK 中新建文件 SPKS.TXT，在 SPKS.TXT 文件中输入内容"2010 年计算机

水平考试";

 ② 将文件夹 FOX 中文件 TEMP.DOC 删除；

 ③ 将文件夹 DISK 中批处理文件 SARS.BAT 改名为 START.BAT；

 ④ 将文件夹 FOX 中文件 BAND．DBF 移动到子文件夹 BOOK 中；

 ⑤ 将文件夹 BOOK 中文件夹 SEE 删除。

2．已知考生文件夹下有如下文件夹与文件：

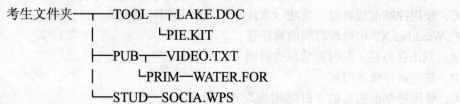

 ① 将考生文件夹下 TOOL 文件夹中文件 LAKE.DOC 设置为只读属性；

 ② 将考生文件夹下 TOOL 文件夹中文件 PIE.KIT 文件删除；

 ③ 在考生文件夹下 PUB 文件夹中新建一个文件夹 PRICE；

 ④ 将考生文件夹下 PUB 文件夹下 PRIM 文件夹中的文件 WATER.FOR 移动到考生文件夹下 TOOL 文件夹中；

 ⑤ 将考生文件夹下 STUD 文件夹中文件 SOCIA.WPS 改名为 ANHUI.BAT，并将其内容编辑为"显示汉字"。

3．已知考生文件夹下有如下文件夹与文件：

```
考生文件夹──┬──AIR──TAXI.BAS
            ├──APPLE
            ├──CARD
            ├──COLOR──COLOR.EXE
            ├──GOOD──PEA
            └──JEEP
```

 ① 在考生文件夹下创建文件 ADE.TXT，再在该文件中输入内容"计算机应用基础"，并设置文件属性为隐藏；

 ② 将考生文件夹下 AIR 文件夹中的 TAXI.BAS 文件复制到 JEEP 文件夹中；

 ③ 将考生文件夹下 COLOR 文件夹中的 COLOR.EXE 文件删除；

 ④ 在考生文件夹下 CARD 文件夹中创建文件夹 TER；

 ⑤ 将考生文件夹下 GOOD 文件夹中的 PEA 文件夹移动到考生文件夹下 APPLE 文件夹中。

第 3 章 文字处理软件 Word 2003

一、单项选择题

1．在 Word 2003 的编辑状态，可以同时显示水平标尺和垂直标尺的视图是_____。

 A．大纲视图   B．普通视图   C．全屏显示   D．页面视图

2. 在 Word 2003 编辑的内容中，文字下面有红色波浪下划线的表示_____。

  A．已修改过的文档   B．对输入的确认

  C．可能的拼写错误   D．可能的语法错误

3. 在 Word 2003 中，可以通过_____菜单中的"选项"命令来指定标尺的刻度单位。

  A．编辑   B．格式   C．工具   D．视图

4. 在 Word 2003 中，单击"快速保存文件"菜单的实质是_____。

  A．将整个文件内容重新存盘一次   B．只将变化过的内容存盘一次

  C．只将选中的文本内容存盘一次   D．只将剪贴板上的内容存盘到文档中

5. 在编辑 Word 2003 文档时，如果输入的新字符总是覆盖文档中插入点处已输入的字符，原因是_____。

  A．当前文档正处于改写的编辑方式   B．当前文档正处于插入的编辑方式

  C．文档中没有字符被选择   D．文档中有相同的字符

6. Word 2003 的文档都是以模板为基础的，模板决定文档的基本结构和文档设置。在 Word 2003 中将_____模板默认设定为所有文档的共用模板。

  A．Normal   B．Web 页   C．电子邮件正文   D．信函和传真

7. 在 Word 2003 中，在对文档进行编辑操作时，如果操作错误，_____。

  A．将无法纠正

  B．只能人工再修改，以便恢复原样

  C．单击"工具"菜单中的"自动更正"命令，可以恢复原样

  D．单击"编辑"菜单中的"撤销"命令，可以恢复原样

8. 在 Word 2003 中，要使一个段落的第一行起始位置缩进二个字符，应在"格式"对话框设置_____。

  A．悬挂缩进   B．首行缩进   C．左缩进   D．首字下沉

9. 在 Word 2003 中，选定一行文本的最方便快捷的方法是_____。

  A．在行首拖动鼠标至行尾   B．在要选定行的左侧单击鼠标

  C．在要选定行位置双击鼠标   D．在该行位置右击鼠标

10. 下列关于 Word 2003 文档创建项目符号的叙述，正确的是_____。

  A．以段落为单位创建项目符号

  B．以选中的文本为单位创建项目符号

  C．以节为单位创建项目符号

  D．可以任意创建项目符号

11. 使用 Word 2003 的"绘图"工具栏中的"矩形"或"椭圆"工具按钮绘制正方形或圆形时，应在拖曳鼠标的同时按_____键。

  A．Tab   B．Alt   C．Shift   D．Ctrl

12. 下列对 Word 2003 文档中"节"的说法中，错误的是_____。

  A．整个文档可以是一节，也可以将文档分成多节

  B．分节符由两条点线组成，点线中间有"节的结尾"4 个字

  C．分节符在 Web 视图中不看见

D. 不同节可采用不同的格式排版

13. 在 Word 2003 中，将文字转换为表格时，不同单元格的内容需放入同一行时，文字间_____。

A. 必须用逗号分隔开

B. 必须用空格分隔开

C. 必须用制表符分隔开

D. 可以用以上任意一种符号或其他符号分隔开

14. 在 Word 2003 中，应用以下_____项可以快速转移到任意一段文本的特定地位。

A. 大纲视图　　　　　　　　　B. 文档构造图

C. 框架集中的目录　　　　　　D. 书签的定位功效

15. Word 2003 中，两节之间的分节符被删除后，以下_____说法正确。

A. 两部分依然坚持底本的节格式化信息

B. 下一节成为上一节的一部分，其格局按上一节的方法

C. 上一节成为下一节的一部分，其格式按下一节的方式

D. 保存两节雷同的节格式化信息部分

16. 在 Word 2003 中，拆分单元格指的是_____。

A. 把选取单元格按行列进行任意拆分

B. 从某两列之间把原来的表格分为左右两个表格

C. 从表格的正中间把原来的表格分为两个表格，方向由用户指定

D. 在表格中由用户任意指定一个区域，将其单独存为另一个表格

17. 在 Word 2003 的编辑状态，要想输入数学公式，应当使用插入菜单中的_____。

A."分隔符"命令　　　　　　　B."对象"命令

C."符号"命令　　　　　　　　D."页码"命令

18. 关于 Word 2003，下面说法错误的是_____。

A. 既可以编辑文本内容，也可以编辑表格

B. 可以利用 Word 制作网页

C. 可以在 Word 2003 中直接将所编辑的文档通过电子邮件发送给接收者

D. Word 不能编辑数学公式

19. 插入签名及常用的问候用语，最方便的方法是_____。

A. 插入符号　　　　　　　　　B. 插入对象

C. 插入域　　　　　　　　　　D. 插入自动图文集中的相关选项

20. 在 Word 2003 中，可以插入数学公式，在使用公式编辑器编辑的公式需要修改时，_____进行修改。

A. 双击公式对象　　　　　　　B. 单击公式对象

C. 直接　　　　　　　　　　　D. 不能

二、多项选择题

1. 下列有关页面显示的说法中正确的是_____。

A. Word 2003 有"Web 版式"视图

B. 在页面视图中可以拖动标尺改变页边距

C. 多页显示只能在打印预览状态中实现

D. 在打印预览状态仍然能进行插入表格等编辑工作

2. Word 2003 中，下列叙述正确的是_____。

A. 为保护文档，用户可以设定以"只读"方式打开文档

B. 打开多个文档窗口时，每个窗口内都有一个插入光标在闪烁

C. 利用 Word 2003 可制作图文并茂的文档

D. 文档输入过程中，可设置每隔 10 分钟自动进行保存文件操作

3. Word 2003 中，要对文档进行打印，正确的操作是_____。

A. 按 Alt+T 键　　　　　　　　　B. 按 Ctrl+P 键

C. 使用"文件"菜单中"打印"命令　　D. 使用工具栏中的打印按钮

4. 在 Word 2003 的下列操作中，_____能选择整个文档（文档中没有图片）。

A. 将鼠标移到文档的左侧，待指针改变方向后，左击 3 下

B. 将鼠标移到文档的左侧，待指针改变方向后，按住 Ctrl 键左击

C. 将鼠标移到文档的左侧，待指针改变方向后，按住 Shift 键左击

D. 按 Ctrl+A 组合键

5. Word 2003 的"格式"工具栏中所列的对齐方式有_____。

A. 左对齐　　　　B. 右对齐　　　　　C. 居中　　　　D. 分散对齐

6. 修改页眉和页脚的内容可以通过_____实现。

A. 单击"视图"菜单中的"页眉和页脚"命令

B. 在"格式"菜单的"样式"命令中设置

C. 单击"文件"菜单中的"页面设置"命令

D. 直接双击页眉页脚位置

7. 在 Word 2003 中，下列关于查找与替换的操作，错误的是_____。

A. 查找与替换只能对文本进行操作

B. 查找与替换不能对段落格式进行操作

C. 查找与替换可以对指定格式进行操作

D. 查找与替换不能对指定字体进行操作

8. 在 Word 2003 中，下列有关"首字下沉"命令的说法中正确的是_____。

A. 可根据需要调整下沉行数　　　　B. 最多可下沉三行

C. 可悬挂下沉　　　　　　　　　　D. 可根据需要调整下沉文字与正文的距离

9. 在 Word 2003 中插入文本框不能在_____视图中进行。

A. 普通　　　　B. 页面　　　　　C. 大纲　　　　D. 打印预览

10. Word 2003 "插入"菜单中的"图片"命令可插入_____。

A. 图表　　　　B. 艺术字　　　　C. 剪贴画　　　　D. 自选图形

11. Word 2003 表格具有_____功能。

A. 在表格中支持插入子表

B. 在表格中支持插入图形

　　C. 绘制表头斜线

　　D. 提供了整体改变的表格大小和移动表格位置的控制手柄

12. Word 2003 下列操作中，_____能打开菜单栏中的一个菜单项。
　　A. 单击菜单名　　　　　　　　　B. 按 Alt+菜单名后的字母键
　　C. 按 Ctrl+菜单名后的字母键　　D. 按 F10+菜单名后的字母键

13. 如果 Word 2003 打开了多个文档，下列操作中能退出 Word 2003 的是_____。
　　A. 双击"控制菜单"按钮　　　　B. 单击"文件"菜单中的"退出"命令
　　C. 单击标题栏上的"关闭按钮"　D. 单击"文件"菜单中的"关闭"命令

14. 在 Word 2003 文档中可以插入的分隔符有 _____。
　　A. 分页符　　　B. 分栏符　　　C. 换行符　　　D. 分节符

15. 在 Word 2003 中，下列操作中可以为文档插入页码的是_____。
　　A. 用"文件/页面设置"命令　　　B. 用"插入/页码"命令
　　C. 用"工具/页码"命令　　　　　D. 用"视图/页眉和页脚"命令

16. 在 Word 2003 中，当前页为第 13 页，要立即移至 25 页，可以_____。
　　A. 使用"编辑/定位"命令　　　　B. 单击"插入/页码"命令
　　C. 直接拖动垂直滚动条　　　　　D. 单击"插入/分隔符"命令

17. 在 Word 2003 中，可以对_____加边框。
　　A. 表格　　　B. 段落　　　C. 图片　　　D. 选定文本

18. 在 Word 2003 中，下列关于选择图形操作的叙述，正确的是_____。
　　A. 单击图形或图片，只有选中图形或图片后，才能对其进行编辑操作
　　B. 依次单击各个图形，可以选择多个图形
　　C. 按住 Shift 键，依次单击各个图形，可以选择多个图形
　　D. 单击绘图工具条上的选择图形按钮，在文本区内单击并拖动一个范围，把将要选
　　　　择的图形包括在内

19. 绘制的图形在_____ 视图下是不可见的。
　　A. 普通　　　B. 页面　　　C. 大纲　　　D. Web 版式

20. Word 2003 下列操作中，_____能在 Word 文档中插入表格。
　　A. 单击"表格"菜单中的"插入表格"命令
　　B. 单击常用工具栏中的"插入表格"按钮
　　C. 使用绘图工具画出一个表格
　　D. 选择一部分有规律的文本，单击"表格"菜单中的"将文本转换为表格"命令

三、操作题

1. 已知一文档内容如下：

爱斯梅拉达

这位少女简直是仙女或天使，格兰古瓦尽管是怀疑派的哲人，是讽刺派的诗人，刚上来他也拿不准，因为那令人眼花缭乱的景象使他心醉神迷了。

她身材不高，但苗条的身段挺拔，显得修长，所以他仿佛觉得她个儿很高。她肤色棕褐，可以猜想到，白天里看上去，大概像安达卢西亚姑娘和罗马姑娘那样有着漂亮的金色光泽。她

那纤秀的小脚，也是安达卢西亚人的样子，紧贴在脚上的优雅的鞋很自由。她在一张随便垫在她脚下的旧波斯地毯上翩翩舞着，旋转着；每次旋转，她那张容光焕发的脸蛋儿从您面前闪过，那双乌黑的大眼睛把闪电般的目光向您投来。

　　她四周的人个个目光定定的，嘴巴张得大大的。果然不假，她就这样飞舞着，两只滚圆净洁的手臂高举过头上，把一只巴斯克手鼓敲得嗡嗡作响；只见她的头部纤细，柔弱，旋转起来如胡蜂似那样敏捷；身着金色胸衣，平整无褶，袍子色彩斑斓，蓬松鼓胀；双肩裸露，裙子不时掀开，露出一对纤细的腿；秀发乌黑，目光似焰；总之，这真是一个巧夺天工的尤物。

　　"毫无疑问，这是一个精灵，一个山林仙女，一个女神，一个梅纳路斯山的酒神女祭司。"格兰古瓦私下想着。

　　正好这时，"精灵"的一根发辫散开了，发辫上的一支黄铜簪子从头上滚落下来。

　　"哎！不对！这是个吉卜赛女郎。"格兰古瓦顺口而出，说道。

　　所有的幻觉忽然间便无影无踪了。

要求完成以下操作：

① 将标题居中对齐，文字设为黑体，三号字，加粗；

② 将正文的第二段"她身材不高……"分成两栏，并添加分隔线；

③ 将正文第三段"她四周的人个个目光定定的……"字符间距加宽为 1 磅，行距设置为 1.5 倍行距；

④ 添加页眉文本"《巴黎圣母院》节选"，页眉右对齐；

⑤ 在正文后添加一个 3 行 5 列的表格，表格外边框为红色 1.5 磅实线。

编辑结果如下：

《巴黎圣母院》节选

爱斯梅拉达

　　这位少女简直是仙女或天使，格兰古瓦尽管是怀疑派的哲人，是讽刺派的诗人，刚上来他也拿不准，因为那令人眼花缭乱的景象使他心醉神迷了。

　　她身材不高，但苗条的身段挺拔，显得修长，所以他仿佛觉得她个儿很高。她肤色棕褐，可以猜想到，白天里看上去，大概像安达卢西亚姑娘和罗马姑娘那样有着漂亮的金色光泽。她那纤秀的小脚，也是安达卢西亚人的样子，紧贴在脚上的优雅的鞋很自由。她在一张随便垫在她脚下的旧波斯地毯上翩翩舞着，旋转着；每次旋转，她那张容光焕发的脸蛋儿从您面前闪过，那双乌黑的大眼睛把闪电般的目光向您投来。

　　她四周的人个个目光定定的，嘴巴张得大大的。果然不假，她就这样飞舞着，两只滚圆净洁的手臂高举过头上，把一只巴斯克手鼓敲得嗡嗡作响；只见她的头部纤细，柔弱，旋转起来如胡蜂似那样敏捷；身着金色胸衣，平整无褶，袍子色彩斑斓，蓬松鼓胀；双肩裸露，裙子不时掀开，露出一对纤细的腿；秀发乌黑，目光似焰；总之，这真是一个巧夺天工的尤物。

"毫无疑问，这是一个精灵，一个山林仙女，一个女神，一个梅纳路斯山的酒神女祭司。"格兰古瓦私下想着。

正好这时，"精灵"的一根发辫散开了，发辫上的一支黄铜簪子从头上滚落下来。

"哎！不对！这是个吉卜赛女郎。"格兰古瓦顺口而出，说道。

所有的幻觉忽然间便无影无踪了。

2. 已知一文档内容如下：

高等教育人才培养分类

从高等教育的角度来讲，人才一般可分为两大类：一类主要从事理论研究工作，旨在发展理论并对实践中的有关现象问题进行深层次的研究探讨，并通过抽象概括来揭示事物的特性和规律，称之为学术型人才；另一类是应用客观规律为社会谋取直接利益的人才，称之为应用型人才。应用型人才又可以依据不同的工作范围分为工程型人才、技术型人才和技能型人才。这四种不同类型的人才所具备的知识、能力和素质是不同的。

一般来讲，学术型人才主要是发现和研究客观规律，其素质要求主要体现在有较深厚的理论基础和独立研究问题的能力及创新精神；工程型人才是运用科学原理进行工程（或产品）设计、工作规划与运行决策，要求具有一定的理论基础、较宽的知识面，以及开发设计和解决实际工作问题的能力；技术型人才主要是使工程型人才的设计、规划、决策变成物质形态；技能型人才主要依靠操作技能完成一线生产性工作任务。

技能型人才与技术型人才都强调应用性，但两者有所区别。技术型人才主要侧重于对生产技术的把关和对一线工人的技术指导，如工厂技术员、施工工程师、车间主任等；技能型人才则侧重于一线操作，主要是依赖技能进行工作。

要求完成以下操作：

① 将标题文字设为黑体，三号字，加粗，居中；

② 将第一段"从高等教育的角度来讲……"设为首字下沉 2 行；

③ 将第三段"技能型人才与……"文字颜色设为蓝色；

④ 将文中的"应用"全部替换为"application"；

⑤ 将纸张大小设为 16 开（18.4 cm × 26 cm），页边距设为上边距 3 cm，下边距 1.5 cm；

⑥ 在正文后添加一个 3 行 × 4 列的表格，表格外边框设为红色、线宽 1 磅。

编辑结果如下：

高等教育人才培养分类

从 高等教育的角度来讲，人才一般可分为两大类：一类主要从事理论研究工作，旨在发展理论并对实践中的有关现象问题进行深层次的研究探讨，并通过抽象概括来揭示事物的特性和规律，称之为学术型人才；另一类是 application 客观规律为社会谋取直接利益的人才，称之为 application 型人才。application 型人才又可以依据不同的工作范围分为工程型人才、技术型人才和技能型人才。这四种不同类型的人才所具备的知识、能力和素质是不同的。

　　一般来讲，学术型人才主要是发现和研究客观规律，其素质要求主要体现在有较深厚的理论基础和独立研究问题的能力及创新精神；工程型人才是运用科学原理进行工程（或产品）设计、工作规划与运行决策，要求具有一定的理论基础、较宽的知识面，以及开发设计和解决实际工作问题的能力；技术型人才主要是使工程型人才的设计、规划、决策变成物质形态；技能型人才主要依靠操作技能完成一线生产性工作任务。

　　技能型人才与技术型人才都强调 application 性，但两者有所区别。技术型人才主要侧重于对生产技术的把关和对一线工人的技术指导，如工厂技术员、施工工程师、车间主任等；技能型人才则侧重于一线操作，主要是依赖技能进行工作。

　　3．已知一文档内容如下：

鸿门宴

　　一天早晨，沛公刘邦只带了张良、樊哙及一百名骑士来见项羽。到了鸿门，项羽拉着沛公的手，一同入席饮酒。项羽和项伯面向东而坐，范增面向南而坐，沛公面向北而坐，张良作为沛公的谋士也参加了宴会。

　　在饮酒时，范增曾几次用眼色示意项羽下令杀掉沛公，项羽佯装没有看见，范增于是不得不又举起所佩带的玉块，作砍杀状以暗示项羽，连做了三次，但项羽还是没作任何反应。

　　范增见项羽已无杀沛公之意，便退出了宴席，悄悄召来项庄说："项王为人心慈手软，不忍心亲自下手。你到帐中，上前跟沛公敬酒，而后你就请求在席间舞剑。然后就乘舞剑之便，伺机刺杀沛公。沛公这个人，非要将其除掉不可，否则，你们这些人都会被他俘虏！"。

　　项庄受范增之命进入帐中，向沛公刘邦敬酒。敬酒完毕，项庄又说："君王和沛公饮酒，军队中没有什么可供大家娱乐的，卑将请求为宾客舞剑以助兴。"项羽说："好！"项庄得到项王的允诺后，就拔剑起舞，项伯看出项庄的用意，也拔剑与之对舞。并用身体不时地遮掩沛公，使项庄得不到机会刺杀沛公。

　　要求完成以下操作：

　　① 将标题文字设为楷体（楷体_GB2312）、小二号字，字符间距加宽为 5 磅，文字加蓝色底纹，图案样式设为红色 30%，段后距设为 2 行；

② 将全文中的"项"替换为"Xiang";
③ 将纸张设为 16 开纸（18.4 cm×26 cm），左右页边距均设为 2 cm;
④ 将正文第二段"在饮酒时，范增……"行间距设为 1.5 倍;
⑤ 将第三段正文"范增见项羽已无……"左右分别缩进 2 个字符和 1 个字符;
⑥ 在文后插入一个 3 行 6 列的表格。

编辑结果如下：

　　一天早晨，沛公刘邦只带了张良、樊哙及一百名骑士来见 Xiang 羽。到了鸿门，Xiang 羽拉着沛公的手，一同入席饮酒。Xiang 羽和 Xiang 伯面向东而坐，范增面向南而坐，沛公面向北而坐，张良作为沛公的谋士也参加了宴会。

　　在饮酒时，范增曾几次用眼色示意 Xiang 羽下令杀掉沛公，Xiang 羽佯装没有看见，范增

于是不得不又举起所佩带的玉块，作砍杀状以暗示 Xiang 羽，连做了三次，但 Xiang 羽还是没

作任何反应。

　　　范增见 Xiang 羽已无杀沛公之意，便退出了宴席，悄悄召来 Xiang 庄说："Xiang
王为人心慈手软，不忍心亲自下手。你到帐中，上前跟沛公敬酒，而后你就请求在席
间舞剑。然后就乘舞剑之便，伺机刺杀沛公。沛公这个人，非要将其除掉不可，否则，
你们这些人都会被他俘虏!"。

Xiang 庄受范增之命进入帐中，向沛公刘邦敬酒。敬酒完毕，Xiang 庄又说："君王和沛公
饮酒，军队中没有什么可供大家娱乐的，卑将请求为宾客舞剑以助兴。"Xiang 羽说："好!"Xiang
庄得到 Xiang 王的允诺后，就拔剑起舞，Xiang 伯看出 Xiang 庄的用意，也拔剑与之对舞。并
用身体不时地遮掩沛公，使 Xiang 庄得不到机会刺杀沛公。

　　4. 已知一文档内容如下：
《仲夏夜之梦》导读
　　柔和的月光，可爱的精灵，优美的诗句，欢快的情节，机智的话语，精心的构思——一切
的一切组合在一起，融成了一个令人神往的仲夏夜之梦。
　　在莎士比亚的众多作品中，《仲夏夜之梦》无疑占有重要的地位，因为它是莎士比亚第一部
成熟的浪漫喜剧。该作品大约创作于 1595 年—1596 年之间，其故事情节以古代希腊的雅典城
以及郊外的森林为背景，时间主要限定在某个仲夏的夜晚。

莎士比亚的仲夏夜之梦之所以具有巨大的魅力，主要是因为作者将强烈的幻想性与抒情性完美地融为一体，因此体现出别具一格的喜剧特色。在书中，莎士比亚凭借他那高超的想象力，把梦与醒、人与仙、影子与实体、幻想与真实、光明与黑暗、欢快与忧虑等等因素具体化、形象化，使自然与超自然、生命与非生命、意识与无意识、瞬间与永恒、有限与无极全都消失其原本的界限，融会成为一个超越时间与空间，凌驾于历史与现实之上的神妙境界——一个水晶般透亮、迷人的世界。正是在这样的世界里，"人力"让位于"神力"，"现实"让位于"精神"，从而导致了一幕幕"惊人"的喜剧。

莎士比亚的手法，就是使众多看起来好像是独立的题材融为一体，使它们在同一时间里，在同一基本相同的地点上，相互交织在一起，并相互作用，相互影响。

要求完成以下操作：

① 将标题文字设为小二号字，为标题添加黄色的文字底纹，要求底纹样式为"12.5%"的红色杂点，标题居中，段后距设为 1.5 行；

② 将第一段正文"柔和的月光，可爱的……"文字设为蓝色、楷体_GB2312，并将该段落分为两栏，加分隔线；

③ 为正文第二段"在莎士比亚的众多作品中……"添加段落边框，外框线为 3 磅的红色单实线，框内文本距离外边框上下左右各 6 磅；

④ 设置文档的页眉为"莎士比亚作品《仲夏夜之梦》"，页眉右对齐；

⑤ 在文档的最后添加一个三行四列的表格。

结果如下：

莎士比亚作品《仲夏夜之梦》

《仲夏夜之梦》导读

柔和的月光，可爱的精灵，优美的诗句，欢快的情节，机智的话语，精心的构思——一切的一切组合在一起，融成了一个令人神往的仲夏夜之梦。

在莎士比亚的众多作品中，《仲夏夜之梦》无疑占有重要的地位，因为它是莎士比亚第一部成熟的浪漫喜剧。该作品大约创作于 1595 年—1596 年之间，其故事情节以古代希腊的雅典城以及郊外的森林为背景，时间主要限定在某个仲夏的夜晚。

莎士比亚的仲夏夜之梦之所以具有巨大的魅力，主要是因为作者将强烈的幻想性与抒情性完美地融为一体，因此体现出别具一格的喜剧特色。在书中，莎士比亚凭借他那高超的想象力，把梦与醒、人与仙、影子与实体、幻想与真实、光明与黑暗、欢快与忧虑等等因素具体化、形象化，使自然与超自然、生命与非生命、意识与无意识、瞬间与永恒、有限与无极全都消失其原本的界限，融会成为一个超越时间与空间，凌驾于历史与现实之上的神妙境界——一个水晶般透亮、迷人的世界。正是在这样的世界里，"人力"让位于"神力"，"现实"让位于"精神"，从而导致了一幕幕"惊人"的喜剧。

　　莎士比亚的手法，就是使众多看起来好像是独立的题材融为一体，使它们在同一时间里，在同一基本相同的地点上，相互交织在一起，并相互作用，相互影响。

　　5. 已知一文档内容如下：

　　《钢铁是怎样炼成的》节选

　　久经战斗考验的骑兵第一集团军各师，从遥远的北高加索向乌克兰调动，这是军事史上空前的大进军。第四、第六、第十一和第十四这四个骑兵师，相继向乌曼地区运动，在离我军前线不远的后方集结；他们在走向决战的进军中，顺便清除了沿途的马赫诺匪帮。

　　这是一万六千五百把战刀，这是一万六千五百名在酷热的草原上经过风吹日晒的战士！

　　红军最高统帅部和西南战线指挥部尽最大努力，使这个正在准备中的决定性打击事先不被毕苏斯基分子察觉。共和国和各战线的司令部都小心翼翼地掩蔽着这支庞大的骑兵部队的集结。

　　乌曼前线停止了一切积极的军事行动。从莫斯科直达哈尔科夫前线司令部的专线不停地发出电报，再从那里传到第十四和第十二集团军司令部。狭长的纸条上打出了用密码写成的各种命令，其基本内容都是："骑兵第一集团军之集结万勿引起波军注意。"只有在波兰白军的推进可能把布琼尼的骑兵部队卷入战斗的情况下，才采取了一些积极的军事行动。

　　要求完成以下操作：

　　① 将标题设为隶书、二号字、字符间距设为加宽 3 磅，标题居中对齐，段后间距设为 1.5 行；

　　② 将第一段正文"久经战斗考验的……"首字下沉 2 行；

　　③ 为正文第二段"这是一万六千……"设置段落边框，边框线为 1.5 磅宽蓝色双实线；

　　④ 添加页眉"前苏联长篇小说"，页眉右对齐；

　　⑤ 将页面纸张设为自定义大小（20 cm × 26 cm）；

　　⑥ 在文档后插入一个 6 行 3 列的表格。

　　编辑结果如下：

前苏联长篇小说

《钢铁是怎样炼成的》节选

久经战斗考验的骑兵第一集团军各师，从遥远的北高加索向乌克兰调动，这是军事史上空前的大进军。第四、第六、第十一和第十四这四个骑兵师，相继向乌曼地区运动，在离我军前线不远的后方集结；他们在走向决战的进军中，顺便清除了沿途的马赫诺匪帮。

> 这是一万六千五百把战刀，这是一万六千五百名在酷热的草原上经过风吹日晒的战士！

红军最高统帅部和西南战线指挥部尽最大努力，使这个正在准备中的决定性打击事先不被毕苏斯基分子察觉。共和国和各战线的司令部都小心翼翼地掩蔽着这支庞大的骑兵部队的集结。

乌曼前线停止了一切积极的军事行动。从莫斯科直达哈尔科夫前线司令部的专线不停地发出电报，再从那里传到第十四和第十二集团军司令部。狭长的纸条上打出了用密码写成的各种命令，其基本内容都是："骑兵第一集团军之集结万勿引起波军注意。"只有在波兰白军的推进可能把布琼尼的骑兵部队卷入战斗的情况下，才采取了一些积极的军事行动。

6. 已知一文档内容如下：

何谓现场总线

随着控制、计算机、通信、网络等技术的发展，信息交换沟通的领域正在迅速覆盖从生产现场设备层到控制、管理的各个层次，乃至世界各地的市场。信息技术的飞速发展，引起了自动化系统结构的变革，逐步形成以网络集成自动化系统为基础的企业信息系统。现场总线（Fieldbus）就是顺应这一形势发展起来的新技术。

现场总线产生背景是基于一种能在工业现场环境运行的、性能可靠、价格低廉的通信系统，以实现现场自动化设备之间的多点数字通信，形成工厂底层网络系统，实现底层现场设备之间以及生产现场与外界的信息交换。

现场总线是应用在生产现场、在微机化测量控制设备之间实现双向串行多节点数字通信的系统，也被称为开放式、数字化、多点通信的底层控制网络。它在制造业、流程工业、交通、楼宇等方面的自动化系统中具有广泛的应用前景。

要求完成以下操作：

① 设置标题文字居中，字体为黑体、三号字，红色，字间距设为加宽 3 磅，段后间距设为 2 行；

② 将第一段正文"随着控制、计算机……"首字下沉 3 行，下沉字体设置为"幼圆"；

③ 在页眉处添加文本"现场总线技术"；

④ 设置纸型为 16 开纸（18.4 cm × 26 cm），左页边距设为 4 cm；

⑤ 在文章最后添加一个 4 行 5 列的表格，设置表格的外框线线型为双实线、颜色为深蓝。

编辑结果如下：

现场总线技术

何 谓 现 场 总 线

随着控制、计算机、通信、网络等技术的发展，信息交换沟通的领域正在迅速覆盖从生产现场设备层到控制、管理的各个层次乃至世界各地的市场。信息技术的飞速发展，引起了自动化系统结构的变革，逐步形成以网络集成自动化系统为基础的企业信息系统。现场总线（Fieldbus）就是顺应这一形势发展起来的新技术。

现场总线产生背景是基于一种能在工业现场环境运行的、性能可靠、价格低廉的通信系统，以实现现场自动化设备之间的多点数字通信，形成工厂底层网络系统，实现底层现场设备之间以及生产现场与外界的信息交换。

现场总线是应用在生产现场、在微机化测量控制设备之间实现双向串行多节点数字通信的系统，也被称为开放式、数字化、多点通信的底层控制网络。它在制造业、流程工业、交通、楼宇等方面的自动化系统中具有广泛的应用前景。

7．已知一文档内容如下：

何谓可编程控制器

在工业生产过程中，具有大量的开关量顺序控制和大量离散量的数据采集等，它按照逻辑条件进行顺序动作，并按照逻辑关系进行连锁保护。传统上，这些功能是通过气动或电气控制系统来实现的。1969 年，美国数字设备公司（DEC）研制出了基于集成电路和电子技术的控制装置，首次采用程序化的手段应用于电气控制，这就是第一代可编程控制器，称 Programmable Controller（PC）。

个人计算机（PC）发展起来后，为了方便，也为了反映可编程控制器的功能特点，可编程控制器定名为 Programmable Logic Controller（PLC），现在仍常常将 PLC 简称 PC。

国际电工委员会（IEC）对 PLC 的定义是：可编程控制器是一种数字运算操作的电子系统，专为在工业环境下应用而设计。它采用可编程序的存储器，用来在其内部存储执行逻辑运算、顺序控制、定时、计数和算术运算等操作的指令，并通过数字量、模拟量的输入和输出，控制各种类型的机械或生产过程。可编程控制器及其有关设备，都应按易于与工业控制系统形成一个整体，易于扩充其功能的原则设计。

PLC 已经具有通用性强、使用方便、适应面广、可靠性高、抗干扰能力强、编程简单等特点。在可预见的将来，PLC 在工业自动化控制特别是顺序控制中的主导地位，是其他控制技术无法取代的。

要求完成以下操作：

① 将标题文字加粗，设为楷体_GB2312、三号字、颜色为红色，字符间距加宽 3 磅，标题居中，段后距设为 2 行；

② 将第一段正文"在工业生产过程……"左缩进 2 个字符并加红色、线宽为 3 磅的实线段落边框；

③ 设置整篇文档的纸张为 16 开（18.4 cm × 26 cm），左页边距设为 3 cm；

④ 添加页眉"可编程控制器技术"，设置为右对齐；

⑤ 用菜单命令在文档右下角插入页码。

编辑结果如下：

可编程控制器技术

何 谓 可 编 程 控 制 器

在工业生产过程中，具有大量的开关量顺序控制和大量离散量的数据采集等，它按照逻辑条件进行顺序动作，并按照逻辑关系进行连锁保护。传统上，这些功能是通过气动或电气控制系统来实现的。1969 年，美国数字设备公司（DEC）研制出了基于集成电路和电子技术的控制装置，首次采用程序化的手段应用于电气控制，这就是第一代可编程控制器，称 Programmable Controller（PC）。

个人计算机（PC）发展起来后，为了方便，也为了反映可编程控制器的功能特点，可编程控制器定名为 Programmable Logic Controller（PLC），现在仍常常将 PLC 简称 PC。

国际电工委员会（IEC）对 PLC 的定义是：可编程控制器是一种数字运算操作的电子系统，专为在工业环境下应用而设计。它采用可编程序的存储器，用来在其内部存储执行逻辑运算、顺序控制、定时、计数和算术运算等操作的指令，并通过数字量、模拟量的输入和输出，控制各种类型的机械或生产过程。可编程控制器及其有关设备，都应按易于与工业控制系统形成一个整体，易于扩充其功能的原则设计。

PLC 已经具有通用性强、使用方便、适应面广、可靠性高、抗干扰能力强、编程简单等特点。在可预见的将来，PLC 在工业自动化控制特别是顺序控制中的主导地位，是其他控制技术无法取代的。

8. 已知一文档内容如下：

《基度山伯爵》节选

一八一五年二月二十四日，瞭望员在避风堰瞭望塔上向人们发出了信号，告诉他们三桅帆船法老号到了。它是从士麦拿出发，经过的里雅斯特和那不勒斯来的。立刻一位领港员被派出去，绕过伊夫堡，在摩琴海岬和里翁岛中间他们登上了船。

圣·琪安海岛的平台上一会儿便挤满了看热闹的人。在马赛，一艘大船的进港终究是一件大事，尤其是像法老号这样的大船，船主是本地人，并且船又是在佛喜造船厂里制造装配的，于是就特别引人注目。

　　法老号渐渐驶过来了。它已顺利通过了卡拉沙林岛和杰罗斯岛之间由几次火山爆发所造成的海峡，绕过波米琪岛，驶近了港口。虽然船上扯起了三张主桅帆，一张大三角帆和一张后桅帆，可是它驶得非常慢，一副无精打采的样子，以至于岸上那些看热闹的人本能地预感到有什么不幸的事发生了，于是人们互相询问船上究竟发生了什么不幸的事。不过那些航海行家们一眼就看出，如果真的发生了什么意外事情的话，那一定与船的本身无关。因为从各方面来看，它并无丝毫失去操纵的迹象。

要求完成以下操作：

① 将标题文字设为黑体、三号字、倾斜，标题居中对齐，段后距设为 2 行；
② 将第一段正文"一八一五年二月……"设为悬挂缩进 2 个字符；
③ 设置页眉"世界名著"，页眉右对齐；
④ 设置整篇文档的纸张为 16 开（18.4 cm × 26 cm），左边距为 3 cm；
⑤ 在文章最后添加一个 3 行 4 列的表格，设置表格的外框线为红色、双线，线宽为 1.5 磅，表格列宽为 2 厘米。

编辑结果如下：

世界名著

《基度山伯爵》节选

　　一八一五年二月二十四日，瞭望员在避风堰瞭望塔上向人们发出了信号，告诉他们三桅帆船法
老号到了。它是从士麦拿出发，经过的里雅斯特和那不勒斯来的。立刻一位领港员被派出去，绕过伊夫堡，在摩琴海岬和里翁岛中间他们登上了船。

　　圣•琪安海岛的平台上一会儿便挤满了看热闹的人。在马赛，一艘大船的进港终究是一件大事，尤其是像法老号这样的大船，船主是本地人，并且船又是在佛喜造船厂里制造装配的，于是就特别引人注目。

　　法老号渐渐驶过来了。它已顺利通过了卡拉沙林岛和杰罗斯岛之间由几次火山爆发所造成的海峡，绕过波米琪岛，驶近了港口。虽然船上扯起了三张主桅帆，一张大三角帆和一张后桅帆，可是它驶得非常慢，一副无精打采的样子，以至于岸上那些看热闹的人本能地预感到有什么不幸的事发生了，于是人们互相询问船上究竟发生了什么不幸的事。不过那些航海行家们一眼就看出，如果真的发生了什么意外事情的话，那一定与船的本身无关。因为从各方面来看，它并无丝毫失去操纵的迹象。

第 4 章 电子表格处理软件 Excel 2003

一、单项选择题

1. Excel 中表格的宽度和高度_____。
    A. 都是固定不可改变的
    B. 只能改变列宽，行的高度是不可改变的
    C. 只能改变行的高度，列宽是不可改变的
    D. 既能改变行的高度，又能改变列的宽度

2. 向 A5 单元格输入分数 "1/10" 并显示为分数 "1/10"，正确输入方法为_____。
    A. 1/10   B. 10/1   C. 01/10   D. 0.1

3. 在 Excel 2003 中，数据类型可分为_____。
    A. 数值型和非数值型   B. 数值型、文本型、日期型及字符型
    C. 字符型、逻辑型及备注型   D. 以上都不对

4. 下列关于 Excel 2003 功能的叙述中，正确的是_____。
    A. 在 Excel 中，不能处理图形
    B. 在 Excel 中，不能处理表格
    C. Excel 的数据库管理可支持数据记录的增、删、改等操作
    D. 在一个工作表中包含多个工作簿

5. 在 Excel 2003 工作表中，已知 C3 单元格与 D4 单元格的值均为 0，在 C4 单元格中输入 "C3=C4"，则 C4 单元格显示的内容为_____。
    A. C3=C4   B. TRUE   C. 1   D. 0

6. 下列 Excel 工作表的描述中，正确的是_____。
    A. 工作表内只能包括数字和字符串
    B. 工作表内可以包括数字、字符串和汉字，但不能包括公式和图表
    C. 工作表内可以包括字符串、数字、公式、图表等丰富信息
    D. 以上说法都是错误的

7. 在 Excel 中，存储数据的基本单位为_____。
    A. 工作簿   B. 工作表   C. 数据库   D. 报表

8. 在 Excel 2003 中，每个单元格最多可以输入_____个字符。
    A. 127   B. 128   C. 65 536   D. 32 000

9. 当启动 Excel 时，Excel 将自动产生一个工作簿 Book1，并且为该工作簿隐含创建_____个工作表。
    A. 1   B. 3   C. 8   D. 10

10. 在 Excel 2003 中，下列选项中属于对 "单元格" 绝对引用的是_____。
    A. D4   B. &D&4   C. $D4   D. D4

11. 在 Excel 2003 工作表中，_____是混合地址。

　　A．C7　　　　　　B．B3　　　　　C．$F8　　　　　D．A1

12．在 Excel 2003 工作表中，正确的 Excel 公式形式为_____。

　　A．=B3*Sheet3!A2　　　　　　　B．=B3*Sheet3$A2

　　C．=B3"Sheet3:A2　　　　　　　D．=B3*Sheet3%A2

13．Excel 中对指定区域（C1:C5）求和的函数是_____。

　　A．SUM（C1:C5）　　　　　　　B．AVEERAGE（C1:C5）

　　C．MAX（C1:C5）　　　　　　　D．MIN（C1:C5）

14．在 Excel 中，工作表窗口冻结包括_____。

　　A．水平冻结　　　　　　　　　B．垂直冻结

　　C．水平、垂直同时冻结　　　　D．以上均可

15．Excel 中如果一个单元格中的信息是以"="开头，则说明该单元格中的信息是_____。

　　A．常数　　　　B．公式　　　　C．提示信息　　　　D．无效数据

16．Excel 工作簿的最小组成单位是_____。

　　A．工作表　　　B．单元格　　　C．字符　　　　D．标签

17．Excel 提供了大量的数据格式，并将它们分成常规、数值、货币、特殊、自定义等。输入数据时使用默认的_____单元格格式。

　　A．数值　　　　B．货币　　　　C．自定义　　　　D．常规

18．在 Excel 2003 工作表中，如果需要在单元格中将 800 显示为 800.00，应将该单元格的数据格式设置为_____。

　　A．常规　　　　B．数值　　　　C．自定义　　　　D．特殊

19．在 A1 单元格中输入字符串时，其长度超过 A1 单元格的显示长度，若 B1 单元格为空，则在默认方式下字符串的超出部分将_____。

　　A．被截断删除　　　　　　　　B．作为另一个字符串存入 B1 中

　　C．显示#####　　　　　　　　D．继续超格显示

20．在 Excel 2003 中，下列关于日期型数据的叙述，错误的是_____。

　　A．日期格式是数值型数据的一种显示格式

　　B．不论一个数值以何种日期格式显示，值不变

　　C．日期序数 5432 表示从 1990 年 1 月 1 日至该日期的天数

　　D．日期值不能自动填充

21．在 Excel 工作表中，活动单元格只能是_____。

　　A．选定的一行　　　　　　　　B．选定的一列

　　C．一个　　　　　　　　　　　D．选定的整个区域

22．在 Excel 中，创建公式的操作步骤是_____。

①在编辑栏输入等号"="②按 Enter 键 ③选择需要输入公式的单元格 ④输入公式具体内容

　　A．①②③④　　　B．③①②④　　　C．③①④②　　　D．③②④①

23．若在 Book1 工作表 Sheet2 的 C1 单元格内输入公式时，需要引用 Book2 的 Sheet1 工作表中 A2 单元格的数据，那么正确的引用为_____。

　　A．Sheet!A2　　　　　　　　　　　B．Book2!Sheet1（A2）

　　C．BookSheet1A2　　　　　　　　　D．[Book2]sheet!A2

24．在 Excel 2003 中，要同时选择多个不相邻的工作表，应先按下_____键，然后再单击要选择的工作表。

　　A．Shift　　　　　B．Ctrl　　　　　C．Alt　　　　　D．Esc

25．在 Excel 2003 中，要同时选择多个相邻的工作表，应先按下_____键，然后再单击最后一张工作表。

　　A．Shift　　　　　B．Ctrl　　　　　C．Alt　　　　　D．Esc

26．在 Excel 2003 工作表中，不能对工作表进行的操作是_____。

　　A．恢复被删除的工作表　　　　　B．修改工作表名称

　　C．移动和复制工作表　　　　　　D．插入和删除工作表

27．Excel 2003 中的数据库管理功能是_____。

　　A．过滤数据　　B．排序数据　　C．汇总数据　　D．以上都是

28．图表的类型有多种，折线图最适合反映_____。

　　A．数据间量与量的大小差异

　　B．数据间量的变化快慢

　　C．单个数据在所有数据构成的总和中所占比例

　　D．数据之间的对应关系

29．在 Excel 中，表示从 A1 单元格到 E5 单元格的一个连续区域的方法是_____。

　　A．A1→E5　　　B．A1～E5　　　C．[A1，E5]　　D．A1：E5

30．在 Excel 2003 中，若要在单元格中显示出邮政编码字符串 234000，应输入的是_____。

　　A．234000'　　　B．'234000　　　C．234000　　　D．'234000'

31．在 Excel 2003 中，在单元格中输入_____，使该单元格显示 0.3。

　　A．6/20　　　　B．=6/20　　　C．"6/20"　　　D．="6/20"

32．Excel 中，利用"自动填充"功能可以_____。

　　A．对若干连续单元格自动求和　　B．对若干连续单元格制作图表

　　C．对若干连续单元格进行复制　　D．对若干连续单元格快速输入有规律的数据

33．在 Excel 2003 中，若要对几个数值求平均值，可选用的函数是_____。

　　A．COUNT　　　B．MAX　　　　C．SUM　　　　D．AVERAGE

34．已知 4 个单元格中的数据分别为"董事长"、"总经理"、"主任"和"科长"，在默认情况下，按升序排序的结果为_____。

　　A．董事长、总经理、主任、科长　　B．科长、主任、总经理、董事长

　　C．董事长、科长、主任、总经理　　D．主任、总经理、科长、董事长

35．对于 Excel 2003 的数据图表，下列说法正确的是_____。

　　A．独立式图表与数据源工作表毫无关系

　　B．独立式图表是将工作表和图表分别存放在不同的工作表中

　　C．独立式图表是将工作表数据和相应图表分别存放在不同的工作簿中

　　D．当工作表数据变动时，与它相关的独立式图表不能自动更新

36. 在 Excel 2003 工作表中进行智能填充时，鼠标的形状为_____。

    A．空心粗十字   B．向左下方箭头

    C．实心细十字   D．向右上方箭头 3

37. 在 Excel 2003 中建立图表时，一般_____。

    A．首先新建一个图表标签   B．建立图表后再键入数据

    C．输入同时建立图表   D．先键入数据，后建立图表

38. 在 Excel 2003 中，选择活动单元格输入一个数字，按住_____键拖动填充柄，所拖过的单元格被填入的是按比例递增或递减数列。

    A．Alt   B．Ctrl   C．Shift   D．Tab

39. 在 Excel 2003 中，数据清单中列标记被认为是数据库的_____。

    A．字数   B．字段名   C．数据类型   D．记录

二、多项选择题

1. 在 Excel 2003 中，下列关于筛选的叙述中，正确的有_____。

    A．数据筛选可以实现在数据清单中筛选出符合条件的数据，不符合条件的数据只是被暂时隐藏起来，并未被删除

    B．筛选包括自动筛选和高级筛选

    C．筛选和排序本质上是一样的

    D．进行自动筛选时不能自定义筛选条件

2. 在 Excel 2003 中，下列说法正确的有_____。

    A．可以将 Excel 数据发布到 Web 上

    B．可以在 Excel 中打开 Web 页

    C．不能在 Word 中插入 Excel 表格

    D．Excel 中不能使用三角函数

3. 在 Excel 2003 中，下列_____说法是正确的。

    A．使用 Del 键可以删除活动单元格的文字

    B．使用 Del 键不能删除活动单元格的公式

    C．使用 Del 键不能删除活动单元格的颜色

    D．使用 Del 键能删除活动单元格

4. 在 Excel 2003 的公式中，可以使用的运算符有_____。

    A．算术运算符   B．文本运算符   C．关系运算符   D．逻辑运算符

5. 在 Excel 2003 中，下面叙述正确的有_____。

    A．合并后的单元格内容与合并前区域左上角的单元格内容相同

    B．合并后的单元格内容与合并前区域右下角的单元格内容相同。

    C．合并后的单元格内容等于合并前区域中所有单元格内容之和。

    D．合并后的单元格还可以被重新拆分。

6. 在 Excel 2003 中对工作表进行重命名可使用的命令有_____。

    A．选择"文件"中的"另存为"命令进行改名保存

    B．双击工作表名，输入新的工作表名，再按回车键确定

C．在资源管理器中进行重命名

D．将鼠标指向要改名的工作表选项卡，单击右键，选择"重命名"命令

7．在 Excel 2003 中，使用自动填充功能可以快速、高效地输入_____。

A．文字　　　　　B．数值　　　　　C．日期　　　　　D．图片

8．在 Excel 2003 中，下列说法中正确的有_____。

A．移动公式时，公式中单元格引用将保持不变

B．复制公式时，公式中单元格引用会根据引用类型自动调整

C．移动公式时，公式中单元格引用将作调整

D．复制公式时，公式中单元格引用将保持不变

9．对 Excel 图表可以进行的编辑操作有_____。

A．改变图表的大小　　　　　　　B．改变图表的类型

C．改变图表的图案　　　　　　　D．改变图表的字体

10．在 Excel 工作表中建立函数的方法有_____。

A．直接在单元格中输入函数

B．直接在编辑栏中输入函数

C．使用工具栏上的"粘贴函数"按钮

D．使用"插入"菜单中的"函数"命令

三、操作题

1．请在 Excel 中对所给工作表完成以下操作：

① 去除 A1:F1 的单元格合并；

② 将学号所在列 A3:A17 单元格格式改为文本格式；

③ 将数据清单区域 A2:F17 按班级递增排序，排序方法为按笔画排序；

④ 将所有人平时成绩加 22 分，最多不超过 100 分（不限定方法，只判断结果）；

⑤ 用公式计算每个人的总分（公式：总分 = 平时成绩*30% + 期末成绩*70%）；

⑥ 将当前工作表名改为"学生成绩表"。

	A	B	C	D	E	F	G
1			成绩表				
2	学号	姓名	班级	平时	期末	总分	
3	1001	陈越科	三班	78	87		
4	1002	马特	一班	77	76		
5	1003	买买提	二班	86	90		
6	1004	马永玲	一班	90	95		
7	1005	綦毅	一班	65	87		
8	1006	王宏	二班	76	76		
9	1007	彭晓飞	二班	54	90		
10	1008	董消寒	一班	55	95		
11	1009	张跃	二班	87	87		
12	1010	张延军	二班	67	76		
13	1011	胡少军	二班	97	90		
14	1012	毕承恩	二班	76	95		
15	1013	曲磊	三班	65	87		
16	1014	沈文仕	二班	54	76		
17	1015	李勇	三班	34	90		
18							
19							

其结果如下：

	A	B	C	D	E	F	G
1	成绩表						
2	学号	姓名	班级	平时	期末	总分	
3	1002	马特	一班	99	76	83	100
4	1004	马永玲	一班	100	95	97	100
5	1005	秦毅	一班	87	87	87	100
6	1008	董消寒	一班	77	95	90	99
7	1003	买买提	二班	100	90	93	100
8	1006	王宏	二班	98	76	83	100
9	1007	彭晓飞	二班	76	90	86	98
10	1009	张跃	二班	100	87	91	100
11	1010	张延军	二班	89	76	80	100
12	1012	毕承恩	二班	98	95	96	100
13	1014	沈文仕	三班	76	76	76	98
14	1001	陈越科	三班	100	87	91	100
15	1011	胡少军	三班	100	90	93	100
16	1013	曲磊	三班	87	87	87	100
17	1015	李勇	三班	56	90	80	78
18							

2. 请在 Excel 中对所给工作表完成以下操作：

① 请根据每个学生的成绩填充相应的等级，要求成绩在 60 分以下填充"不合格"，成绩在 60 分到 85 分之间（不包括 85 分）填充"合格"，85 分以上填充"优秀"（只判断结果）；

② 将表中的数据按性别递增排序（汉字排序方式为字母排序）；

③ 将性别中所有"男"字的字体设置为蓝色，所有"女"字的底纹设置为红色（不用条件格式）；

④ 设置工作表的名称为"某校学生成绩数据表"；

⑤ 选择所有男生信息（包括学号、成绩）制作簇状柱形图，图表的标题为"男生成绩分布图"，图例的位置为底部。

其结果如下：

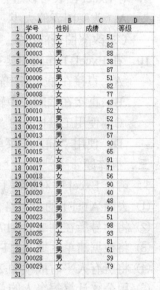

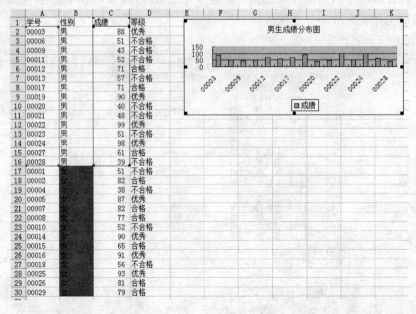

3．请在 Excel 中对所给工作表完成以下操作：

① 工作表 Sheet1 标题行 A1:D1 合并及水平居中；

② 为标题行单元格设置为红色底纹，黄色文字格式；

③ 将工作表名改为"全年统计"；

④ 利用求和与求平均值函数计算总分和平均分，成绩在语文成绩表和数学成绩表内，要求函数的参数使用（语文成绩表中成绩，数学成绩表中成绩）的格式；

⑤ 按总分递减排序；

⑥ 将学号所在列的单元格格式改为文本格式。

其结果如下：

	A	B	C	D	E
1	2005-2006年学度学生成绩总表				
2	学号	姓名	总分	平均分	
3	1001	陈越科			
4	1002	马特			
5	1003	买买提			
6	1004	马永玲			
7	1005	秦 毅			
8	1006	王 宏			
9	1007	彭晓飞			
10	1008	董消寒			
11	1009	张 跃			
12	1010	张延军			
13	1011	胡少军			
14	1012	毕承恩			
15	1013	曲 磊			
16	1014	沈文仕			
17	1015	李 勇			
18					
19					

	A	B	C	D
1	2005-2006年学度学生成绩总表			
2	学号	姓名	总分	平均分
3	1003	买买提	197	98.5
4	1014	沈文仕	185	92.5
5	1010	张延军	184	92
6	1015	李 勇	177	88.5
7	1007	彭晓飞	175	87.5
8	1011	胡少军	175	87.5
9	1012	毕承恩	175	87.5
10	1008	董消寒	166	83
11	1004	马永玲	164	82
12	1002	马特	163	81.5
13	1005	秦 毅	162	81
14	1013	曲 磊	154	77
15	1006	王 宏	132	66
16	1001	陈越科	131	65.5
17	1009	张 跃	86	43
18				

4．请在 Excel 中对所给工作表完成以下操作：

① 将工作表 Sheet1 表名改为"华东区销售统计总表"；

② 计算数量（数量为"华东一区销售情况"和"华东二区销售情况"表中数量的和），使用求和函数，函数的参数使用华东一区销售情况表里的数量和华东二区销售情况表里的数量；

③ 计算总计（总计＝单价×数量）；

④ 将数据区域（A2:E11）设置为水平居中和垂直居中；

⑤ 为数据区域（A2:E11）添加双线外边框，单线内边框（粗细、颜色不限）；

⑥ 选择品牌和总计两列制作饼图。

其结果如下：

	A	B	C	I
1	中源商贸城华东二区销售情况			
2	品牌	产地	数量	
3	桑塔纳2000	上海大众	234	
4	帕萨特	上海大众	540	
5	POLO	上海大众	650	
6	别克	上汽通用	440	
7	爱丽舍	东风雪铁龙	2000	
8	标致307	东风标致	1908	
9	尼桑天籁	东风日产	989	
10	马自达6	海南马自达	988	
11	奇瑞QQ	奇瑞	8888	
12				
13				
14				

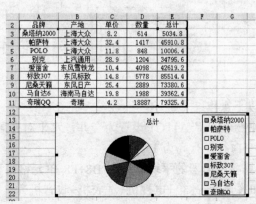

	A	B	C	D	E	F	G
2	品牌	产地	单价	数量	总计		
3	桑塔纳2000	上海大众	8.2	614	5034.8		
4	帕萨特	上海大众	32.4	1417	45910.8		
5	POLO	上海大众	11.8	848	10006.4		
6	别克	上汽通用	28.9	1204	34795.6		
7	爱丽舍	东风雪铁龙	10.4	4098	42619.2		
8	标致307	东风标致	14.8	5778	85514.4		
9	尼桑天籁	东风日产	25.4	2889	73380.6		
10	马自达6	海南马自达	19.8	1988	39362.4		
11	奇瑞QQ	奇瑞	4.2	18887	79325.4		

5. 请在 Excel 中对所给工作表完成以下操作：

① 设置标题行 A1:I1 合并及水平居中对齐的效果；

② 将 G2 单元格的内容移至 I2 单元格，并设置 I2 单元格内容旋转 45°；

③ 设置 A3:H10 区域的数据按合计行递减排序；

④ 图表中只显示了上海和西安两个城市的业绩，请添加重庆的业绩数据；

⑤ 将图表中图例的位置改为在底部显示。

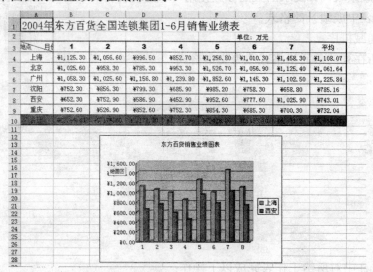

其结果如下：

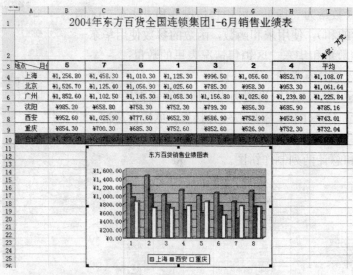

6. 请在 Excel 中完成以下操作：

① 将标题栏"电器价格一览表" A1:G1 设置为合并，水平对齐居中；

② 在标题栏下插入一空白行，行高为 15；

③ 用 Average 函数计算各种电器的平均价，在 B8:F8 单元格内按所给公式分别计算各国家（地区）电器产品价格和（合计=冰箱+电视机+洗衣机+收音机）；

④ 单元格内的数字前加人民币符号，1 位小数，负数显示时在人民币符号后加负号，颜色不变；

⑤ 选择 A3:F7 制作簇状柱形图，X 轴标题为"国家（地区）"；

⑥ 将工作表 Sheet1 改名"电器价格表"。

	A	B	C	D	E	F	G
1	电器价格一览表						
2		日本	越南	朝鲜	香港	韩国	平均价
3	冰箱	1750	180	560	750	600	
4	电视机	1200	110	630	720	410	
5	洗衣机	250	80	410	65	210	
6	收音机	180	440	220	185	230	
7	合计						
8							
9							
10							

其结果如下：

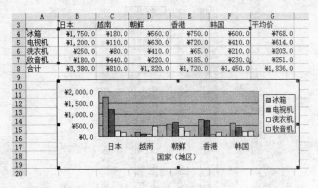

7. 请在 Excel 中完成以下操作：

① 修改工作表名称 Sheet1 为"二楼商品销售表"；

② 计算利润值（利润=（售价–进价）* 销售数量）；

③ 设置表格内的第 3 行为蓝色底、白色字；

④ 在 G8 单元格填充总利润；

⑤ 计算 H 列对应商品利润占总利润的百分比，两位小数（占总利润百分比=利润/总利润，总利润单元格地址使用绝对地址）；

	A	B	C	D	E	F	G
1	销售表						
2							
3	月份	产品类别	商品	进价	售价	销售数量	利润
4	1	服装	大衣	100	120	100	
5	2	鞋帽	皮鞋	50	60	200	
6	3	玩具	布熊	5	8	300	
7	4	布料	棉布	8	15	400	
8	总计						
9							
10							

⑥ 选择商品和利润两列，绘制折线图，要求 X 轴标题为"商品"。

其结果如下：

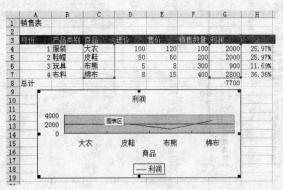

8. 请在 Excel 中完成以下操作：

① 修改工作表名 Sheet1 为"合肥百乐得销售表"；

② 按连锁店名升序排列，对于连锁店名相同的按姓名升序排列，姓名相同的按月份升序排列（汉字按字母顺序排序）；

③ 将表格中的"巫"字全部替换为"意"字；

④ 在 G76 单元格内统计女销售员占总人数的百分比（只判断结果），结果使用百分比格式，两位小数；

⑤ 选择"叶珊珊"的月份和销售额两列制作图表，图表类型为"折线图"，图表的标题为"叶珊珊销售图表"。

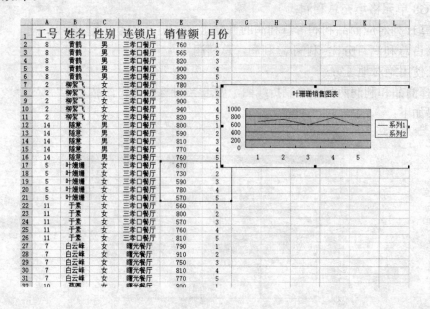

其结果如下：

第 5 章　演示文稿制作软件 PowerPoint 2003

一、单项选择题

1．通过桌面快捷方式图标启动 PowerPoint 2003，以下操作正确的是＿＿＿＿。

A．左键双击图标　　　　　　　　B．左键单击图标

C．右键双击图标　　　　　　　　D．右键单击图标

2．如果要改变幻灯片的大小和方向，可以选择"文件"菜单中的＿＿＿＿。

A．页面设置　　　B．格式　　　　　　C．关闭　　　　D．保存

3．在制作 PowerPoint 演示文稿时可以使用设计模版，方法是单击＿＿＿＿菜单，选中"应用设计模版"命令。

A．编辑　　　　　B．格式　　　　　　C．视图　　　　D．工具

4．在 PowerPoint 中进行了错误操作，可以通过下列哪个命令恢复＿＿＿＿。

A．打开　　　　　B．撤销　　　　　　C．保存　　　　D．关闭

5．PowerPoint 可存为多种文件格式，下列哪种文件格式不属于此类＿＿＿＿。

A．ppt　　　　　　B．pot　　　　　　C．psd　　　　D．html

6．在幻灯片放映时，每一张幻灯片切换时都可以设置切换效果，方法是单击＿＿＿＿菜单，选择"幻灯片切换"命令，然后在对话框中进行选择

A．格式　　　　　B．工具　　　　　　C．视图　　　　D．幻灯片放映

7．在 PowerPoint 中要将多处错误一次更正，正确的方法是＿＿＿＿。

A．用插入光标逐字查找，先删除错误文字再输入正确文字

B．使用"编辑"菜单中的"替换"命令

C．使用"撤销"与"恢复"命令

D．使用"定位"命令

8．进入 PowerPoint 以后，打开一个已有的演示文稿 P1.ppt，又进行了"新建"操作，则＿＿＿＿。

A．P1.ppt 被关闭

B．P1.ppt 和新建文稿均处于打开状态

C．"新建"操作失败

D．新建文稿打开但被 P1.ppt 关闭

9．在 PowerPoint 中打开了一个演示文稿，对文稿作了修改，并进行了"关闭"操作以后＿＿＿＿。

A．文稿被关闭，并自动保存修改后的内容

B．文稿不能关闭，并提示出错

C．文稿被关闭，修改后的内容不能保存

D．弹出对话框，并询问是否保存对文稿的修改

10．在 PowerPoint 中打开了一个名为"P1.ppt"的文件，并把当前文件以"P2.ppt"为名进

行"另存为"操作,则_____。

  A. 当前文件是"P1.ppt"

  B. 当前文件是"P2.ppt"

  C. 当前文件是"P1.ppt"和"P2.ppt"

  D. "P1.ppt"和"P2.ppt"均被关闭

11. 幻灯片模板文件的默认扩展名是_____。

  A. exe   B. ppt   C. pot   D. doc

12. 在一个演示文稿中选择了一张幻灯片,按下"Del"键,则_____。

  A. 该张幻灯片被删除,且不能恢复

  B. 该张幻灯片被删除,但能恢复

  C. 该张幻灯片被删除,但可以利用"回收站"恢复

  D. 该张幻灯片被移到回收站内

13. 在幻灯片播放时,如果要结束放映,可以按下键盘上的_____键。

  A. ESC   B. Enter   C. Space   D. Ctrl

14. 在演示文稿中要添加一张新的幻灯片,应该单击_____菜单中的"新幻灯片"命令

  A. 文件   B. 编辑   C. 插入   D. 视图

15. 对于演示文稿的描述正确的是_____。

  A. 演示文稿中的幻灯片版式必须一样

  B. 使用模板可以为幻灯片设置统一的外观式样

  C. 可以在一个窗口中同时打开多份演示文稿

  D. 可以使用"文件"菜单中的"新建"命令为演示文稿添加幻灯片

16. PowerPoint 提供了不同视图以方便用户进行操作,分别是普通视图、幻灯片浏览视图和_____。

  A. 幻灯片放映视图   B. 图片视图

  C. 文字视图   D. 一般视图

17. 在展销会上,如果要求幻灯片能在无人操作的环境下自动播放,应该事先对 PowerPoint 2003 演示文稿进行的操作是_____。

  A. 存盘   B. 打包   C. 排练计时   D. 自动播放

18. 幻灯片中还可以加入表格,只要单击"插入"菜单中的_____命令即可插入一个表格。

  A. 图片   B. 制表位   C. 表格   D. 文本框

19. 在 PowerPoint 2003 中,在磁盘上保存的演示文稿的文件扩展名是_____。

  A. POT   B. PPT   C. DOT   D. PPA

20. 在 PowerPoint 2003 中,如果要退出 PowerPoint 2003,可以_____。

  A. 选择"文件"菜单中的"退出"命令

  B. 选择"文件"菜单中的"关闭"命令

  C. 单击菜单栏上"关闭窗口"按钮

  D. 双击标题栏

21. 在 PowerPoint 2003 中，将演示文稿打包为可播放的演示文稿后，文件类型为_____。

　　A. PPT　　　　　　B. PPZ　　　　　　C. PSP　　　　　D. PPS

22. PowerPoint 2003 是电子演示文稿软件，它_____。

　　A. 在 DOS 环境下运行

　　B. 在 Wndows 环境下运行

　　C. 在 DOS 和 Wndows 环境下运行

　　D. 可以不要任何环境，独立运行

23. 在 PowerPoint 2003 中，窗口左下方的视图切换按钮有_____。

　　A. 4 个　　　　　　B. 5 个　　　　　　C. 6 个　　　　　D. 3 个

24. PowerPoint 2003 工作窗口由_____。

　　A. 标题栏、菜单栏、视图栏、状态栏等组成

　　B. 标题栏、菜单栏、演示文稿区域、状态栏等组成

　　C. 标题栏、菜单栏、格式栏、状态栏等组成

　　D. 标题栏、菜单栏、视图栏、状态栏等组成

25. 在 PowerPoint 2003 的幻灯片放映过程中，不可以返回上一张幻灯片的操作是_____。

　　A. 按 P 键　　　　　　　　　　　　B. 按 PgUp 键

　　C. 按 Backspace 键　　　　　　　　D. 按 Space 键

26. 在 PowerPoint 2003 中，可对母版进行编辑和修改的状态是_____。

　　A. 幻灯片视图　　　　　　　　　　B. 备注页视图

　　C. 母版视图　　　　　　　　　　　D. 大纲视图

27. 在 PowerPoint 2003 中，"文件"菜单中的"打开"命令的快捷键是_____。

　　A. Ctrl+P　　　　　B. Ctrl+O　　　　　C. Ctrl+S　　　　D. Ctrl+N

28. PowerPoint 2003 中，可以改变幻灯片的顺序的视图是_____。

　　A. 幻灯片　　　　　　　　　　　　B. 幻灯片浏览

　　C. 幻灯片放映　　　　　　　　　　D. 备注页

29. 在 PowerPoint 2003 的"幻灯片浏览"视图中，用鼠标拖动复制幻灯片时，要同时按住_____。

　　A. Delete　　　　　B. Ctrl　　　　　　C. Shift　　　　　D. Esc

30. 如果想在幻灯片中插入一张图片，可以选择_____菜单。

　　A. 图片　　　　　　B. 插入　　　　　　C. 视图　　　　　D. 工具

31. 插入到幻灯片的图片可以进行简单的编辑，方法是选择_____菜单，然后在"工具栏"命令中单击_____选项。

　　A. 视图、颜色　　　　　　　　　　B. 视图、图片

　　C. 编辑、对象　　　　　　　　　　D. 格式、背景

32. 如果想在幻灯片中的某段文字或是某个图片添加动画效果，可以单击"幻灯片放映"菜单的_____命令。

　　A. 动作设置　　　　　　　　　　　B. 自定义动画

　　C. 幻灯片切换　　　　　　　　　　D. 动作按钮

33．在 PowerPoint 2003 中，当需要为演示文稿中的幻灯片加上页眉和页脚时，可使用_____菜单下的"页眉和页脚"命令。

    A．视图   B．编辑   C．插入   D．格式

34．在 PowerPoint 2003 的"幻灯片切换"对话框中，允许的设置是_____。

    A．设置幻灯片切换时的视觉效果和听觉效果

    B．只能设置幻灯片切换时的听觉效果

    C．只能设置幻灯片切换时的视觉效果

    D．只能设置幻灯片切换时的定时效果

35．在 PowerPoint 2003 中，当在幻灯片中插入了声音以后，幻灯片中将会出现_____。

    A．喇叭标记   B．链接说明

    C．一段文字说明   D．链接按钮

36．在 PowerPoint 2003 中，不可以在"字体"对话框中进行设置的是_____。

    A．文字颜色   B．文字对齐格式

    C．文字大小   D．文字字体

37．在 PowerPoint 2003 中，通过"背景"对话框可对演示文稿进行背景和颜色的设置，打开"背景"对话框的正确方法是_____。

    A．选中"编辑"菜单中的"背景"命令

    B．选中"视图"菜单中的"背景"命令

    C．选中"插入"菜单中的"背景"命令

    D．选中"格式"菜单中的"背景"命令

38．在 PowerPoint 2003 中，改变艺术字的颜色的方法是：先选择艺术字，然后_____。

    A．单击"绘图"工具栏的"填充颜色"按钮

    B．单击"艺术字"工具栏的"设置艺术字格式"按钮，在出现的"设置艺术字格式"对话框中设置颜色

    C．单击"艺术字"工具栏的"重新着色"按钮

    D．单击"图片"工具栏的"重新着色"按钮

39．在 PowerPoint 2003 中，修改艺术字文本的方法为_____。

    A．单击艺术字，然后单击"编辑"菜单的"编辑艺术字"命令

    B．单击艺术字，然后单击"艺术字"工具栏的"编辑文字"按钮

    C．单击艺术字，然后单击"格式"菜单的"编辑艺术字"命令

    D．以上均不正确

40．在 PowerPoint 2003 中，使字体变斜的快捷键是_____。

    A．Shift+I   B．End+I   C．Ctrl+I   D．Alt+I

二、多项选择题

1．下列关于 PowerPoint 的表述错误的是_____。

    A．幻灯片一旦制作完毕，就不能调整次序

    B．不可以将 Word 文稿制作为演示文稿

    C．不可以将 Excel 电子表格制作为演示文稿

    D．无法在浏览器中浏览 PowerPoint 文件

2．退出整个 PowerPoint 2003 时，下列方法中正确的是_____。

    A．双击 PowerPoint 2003 标题栏左端的控制菜单图标。

    B．用 Ctrl+Esc 键来进行退出操作

    C．单击 PowerPoint 2003 标题栏右端的关闭按钮

    D．当 PowerPoint 2003 为当前活动窗口时，同时按 Alt 和 F4 键

3．在 PowerPoint 2003 幻灯片浏览视图下，移动幻灯片的方法有_____。

    A．按 Shift 键拖动幻灯片到目标位置

    B．选择幻灯片，单击"剪切"按钮，单击目标位置，再单击"粘贴"按钮

    C．按 Ctrl 键拖动幻灯片到目标位置

    D．拖动幻灯片到目标位置

4．在 PowerPoint 2003 中，要在幻灯片非占位符的空白处增加一段文本，其操作有_____。

    A．单击"绘图"工具栏的"文本框"工具

    B．单击"绘图"工具栏的"竖排文本框"工具

    C．直接输入

    D．先单击目标位置，再输入文本

5．在 PowerPoint 2003 中，复制当前幻灯片且复制的幻灯片与当前幻灯片相邻，其方法有_____。

    A．先单击选中幻灯片，单击"复制"按钮，然后单击"粘贴"按钮

    B．在"幻灯片浏览"视图下，按 Ctrl 键拖动当前幻灯片，直到当前幻灯片前或后出现竖线松开鼠标左键

    C．单击"插入"菜单的"幻灯片副本"命令

    D．在"幻灯片浏览"视图下，按 Shift 键拖动当前幻灯片，直到当前幻灯片前或后出现竖线松开鼠标左键

6．在 PowerPoint 2003 大纲视图下，要尽可能大地显示幻灯片，其方法有_____。

    A．拖动大纲区与幻灯片区以及备注区与幻灯片区的分界线，扩大幻灯片区

    B．单击"视图"菜单的"幻灯片浏览"命令

    C．单击"视图"栏的"幻灯片视图"工具按钮

    D．单击"视图"菜单的"幻灯片放映"命令

7．在 PowerPoint 2003 幻灯片内复制对象的方法有_____。

    A．选择对象，单击"复制"按钮，单击"粘贴"按钮，将复制的图形定位在目标位置

    B．选择对象，单击"剪切"按钮，单击"粘贴"按钮，将复制的图形定位在目标位置

    C．选择对象，然后按 Ctrl 键并拖动它到目标位置

    D．选择对象，然后按 Shift 键并拖动它到目标位置

8．下列关于 PowerPoint 的表述错误的是_____。

    A．幻灯片一旦制作完毕，就不能调整次序

    B．不可以将 Word 文稿制作为演示文稿

    C．无法在浏览器中浏览 PowerPoint 文件

D. 将打包的文件在没有 PowerPoint 软件的计算机上安装后可以播放演示文稿

9. 在 PowerPoint 2003 大纲视图下，展开或折叠幻灯片的方法有_____。

　　A. 选择幻灯片，然后单击大纲工具栏的"展开"或"折叠"工具按钮

　　B. 选择幻灯片，然后单击"视图"菜单的"展开"或"折叠"命令

　　C. 双击目标幻灯片的图标，能使该幻灯片展开或折叠

　　D. 单击目标幻灯片的编号，能使该幻灯片展开或折叠

10. 在 PowerPoint 2003 中，若要复制红色矩形，先单击它，把鼠标指针移到_____，出现十字光标时再按 Ctrl 键拖动鼠标到目标位置。

　　A. 图形内部　　　　　　　　　　B. 图形边框

　　C. 图形周围的小方块上　　　　　D. 以上均不对

11. 在 PowerPoint 2003 中，如需把多个图形一次性移动到其他位置，其方法可以是_____。

　　A. 依次单击各图形，然后再拖动图形到目标位置

　　B. 按 Ctrl 键依次单击各图形，然后再拖动图形到目标位置

　　C. 按 Shift 键依次单击各图形，然后再拖动图形到目标位置

　　D. 按 Shift 键依次单击各图形，并单击鼠标右键选择"组合"命令，然后再拖动图形到目标位置

12. 在 PowerPoint 2003 中，旋转艺术字的方法有_____。

　　A. 选中艺术字，顺时针或逆时针拖动艺术字

　　B. 选中艺术字，单击"艺术字"工具栏的"自由旋转"按钮

　　C. 选中艺术字，单击"编辑"菜单的"自由旋转"命令

　　D. 在艺术字上右击，然后再选择"设置艺术字格式"，在弹出的对话框中选择"尺寸"选项，即可设置艺术字的旋转角度

13. 在 PowerPoint 2003 中，为幻灯片中的对象设置动画效果的方法有_____。

　　A. 单击"幻灯片放映"菜单的"自定义动画"命令

　　B. 单击"编辑"菜单的"自定义动画"命令

　　C. 单击"编辑"菜单的"预设动画"命令

　　D. 单击"幻灯片放映"菜单的"预设动画"命令

14. 在 PowerPoint 2003 中，演示文稿的放映方式有_____。

　　A. 在展台浏览（全屏幕）

　　B. 演讲者放映（全屏幕）

　　C. 观众自行放映（窗口）

　　D. 循环放映（窗口）

15. 在 PowerPoint 2003 中，使演示文稿在无人操作的情况下自动播放的操作有_____。

　　A. 单击"幻灯片放映"菜单的"幻灯片切换"命令，在出现的"幻灯片切换"对话框中设置切换幻灯片的间隔时间

　　B. 单击"格式"菜单的"幻灯片切换"命令，在出现的"幻灯片切换"对话框中设置切换幻灯片的间隔时间

　　C. 单击"设置放映方式"菜单的"幻灯片切换"命令，在出现的"幻灯片切换"对

　　话框中设置切换幻灯片的间隔时间

　　D．单击"幻灯片放映"菜单的"排练计时"命令

三、操作题

1．请使用 PowerPoint 完成以下操作：

① 设置整个幻灯片文档的模板为"Capsules"。

② 将第 1 张幻灯片的标题文字设置为："华文行楷"、"60 磅"，文本颜色设置为红色（可以使用颜色对话框中自定义标签，设置 RGB 颜色模式的：红色 255、绿色 0、蓝色 0）。

③ 设置第 2 张幻灯片文本框（指下面的文本框）的进入动画效果为"出现"。

④ 为第 3 张幻灯片内艺术字添加超链接，链接到网址"www.sohu.com"。

⑤ 取消第 3 张幻灯片的文本框中的项目符号。

⑥ 给第 3 张幻灯片中的十字星型自选图形增加填充效果为：预设"茵茵绿原"。

⑦ 设置所有幻灯片的切换方式为"随机"。

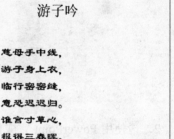

其结果如下：

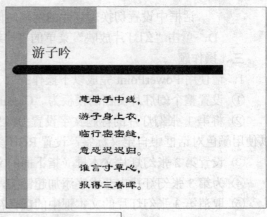

2. 请使用 PowerPoint 完成以下操作：

① 设置整个 PowerPoint 文档应用设计模板为"Capsules"。

② 设置第 1 张幻灯片的内容版式为：标题幻灯片，并输入副标题内容"第一个电脑病毒"；

③ 设置第 2 张幻灯片文本框的填充效果为：预设"薄雾浓云"。

④ 设置第 2 张幻灯片文本框格式的行距为：段前 0.25 行，段后 0.2 行，第 2 张幻灯片内的文本框区域设置项目符号为空心方块□。

⑤ 设置第 3 张幻灯片中图表的进入动画效果为"出现"，图表动画为"按序列"。

⑥ 设置所有幻灯片的切换效果为"随机"。

⑦ 在最后 1 张幻灯片后面插入 1 张新幻灯片。

磁芯大战

- 冯·诺依曼勾勒出病毒程序的蓝图
- 一种会自我繁殖的程序
- 成形于贝尔实验室的一款电子游戏
- 双方游戏程序都在电脑的记忆磁芯中游走，故名为"磁芯大战"

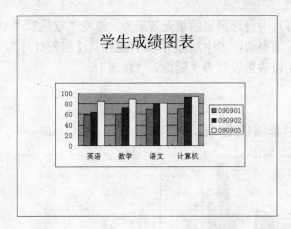

其结果如下：

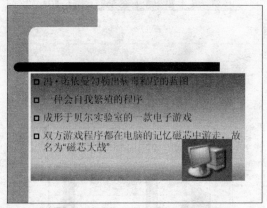

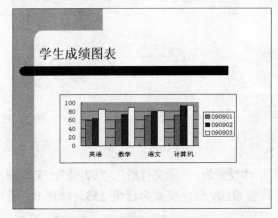

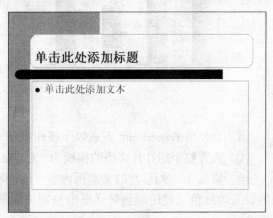

3. 请使用 PowerPoint 完成以下操作：

① 为整个 PowerPoint 文档应用设计模板为"Blends"。

② 设置第 1 张幻灯片中图表的进入动画效果为"出现"，图表动画为"按序列"。

③ 将第 1 张幻灯片的标题文本框字体设置为"黑体"、"48 磅"，并设置标题框的填充纹理是"鱼类化石"。

④ 设置第 2 张幻灯片中自选图形的填充效果为：渐变"双色"、"中心辐射"。

⑤ 在第 2 张幻灯片的自选图形中添加文本："返回第 1 张幻灯片"。

⑥ 将所有幻灯片切换效果设置为"随机"、"慢速"。

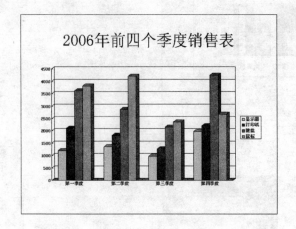 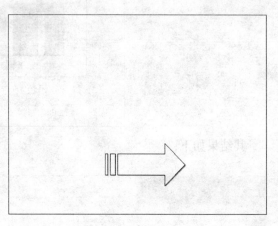

其结果如下：

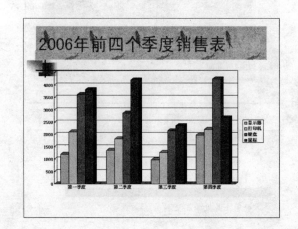 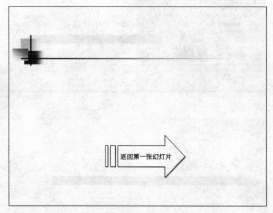

4. 请使用 PowerPoint 完成以下操作：

① 设置整个幻灯片文档的模板为"Capsules"。

② 将第 1 张幻灯片的文本框内容"陶渊明"字体设置为："华文行楷"、"60 磅"，文本颜色设置为红色（使用颜色对话框中自定义标签，设置 RGB 颜色模式为红色 255，绿色 0，蓝色 0）。

③ 设置第 2 张幻灯片文本框（内容为"归去来兮辞"）的进入动画效果为："扇形展开"。

④ 在最后 1 张幻灯片的后面插入 1 张新幻灯片，并设置新幻灯片的内容版式为"空白"。

⑤ 在新幻灯片内输入文字"佳作欣赏"，并设置其字体为"隶书"、"48 磅"。

⑥ 设置所有幻灯片的切换方式为"随机"。

其结果如下：

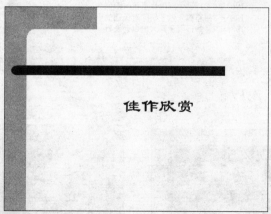

5. 请使用 PowerPoint 完成以下操作：

① 将整个 PowerPoint 文档应用设计模板 "Blends"。

② 设置第 1 张幻灯片的背景纹理为 "鱼类化石"；第 2 张幻灯片的背景纹理为 "画布"。

③ 设置第 2 张幻灯片文本框的填充效果为：预设 "孔雀开屏"。

④ 为第 3 张幻灯片内的文本框区域添加项目符号（实心方块■）。

⑤ 在最后 1 张幻灯片后面插入 1 张新幻灯片，内容版式为"空白"。

⑥ 在新插入的幻灯片内添加文字"鞠躬尽瘁"，并设置其字体为"华文行楷"、"36 磅"、"加粗"，为该文本框添加超链接，链接到网址"www.baidu.com"。

1964年10月16日
中国爆炸了第一颗原子弹

1967年6月17日
中国爆炸了第一颗氢弹

各国发明原子弹到氢弹的间隔时间表：
美国七年零四个月（1945年7月—1952年11月）；
苏联四年（1949年8月—1953年8月）；
英国四年零七个月（1952年10月—1957年5月）；
法国八年零六个月（1960年2月—1968年8月）；
中国两年零八个月（1964年10月—1967年6月）。

两弹元勋邓稼先

1924年出生在安徽怀宁县。
1935年考入崇德中学，与杨振宁结为好友。
1941年考入西南联合大学物理系。
1947年赴美，获博士学位，人称"娃娃博士"。
1950年8月，获得博士学位 9天以后，毅然回国。
1958年秋，开始原子弹制造的理论研究。
1964年10月16日中国爆炸了第一颗原子弹。
1967年6月17日中国爆炸了第一颗氢弹。
1985年8月邓稼先做了切除直肠癌的手术。
1986年7月29日因全身大出血而逝世。

其结果如下：

1964年10月16日
中国爆炸了第一颗原子弹

1967年6月17日
中国爆炸了第一颗氢弹

各国发明原子弹到氢弹的间隔时间表：
美国七年零四个月（1945年7月—1952年11月）；
苏联四年（1949年8月—1953年8月）；
英国四年零七个月（1952年10月—1957年5月）；
法国八年零六个月（1960年2月—1968年8月）；
中国两年零八个月（1964年10月—1967年6月）。

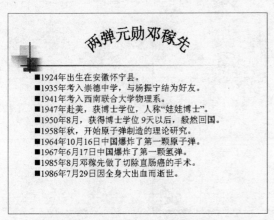
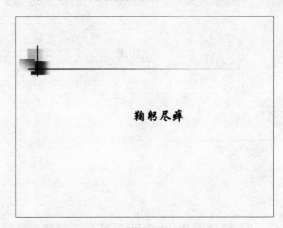

6. 请使用 PowerPoint 完成以下操作：

① 设置第 1 张幻灯片的内容版式为：标题幻灯片，并设置标题内容为"三峡工程"。

② 设置第 1 张幻灯片标题文本的字体为："楷体_GB2312"、"32 磅"、"加粗"。

③ 设置第 1 张幻灯片的背景纹理为"鱼类化石"，第 2 张幻灯片的背景纹理为"画布"。

④ 设置第 2 张幻灯片中图片的进入动画效果为"展开"。

⑤ 设置所有幻灯片切换方式为"每隔 5 秒"。

⑥ 在第 2 张幻灯片后面插入 1 张新幻灯片，内容版式为"空白"。

其结果如下：

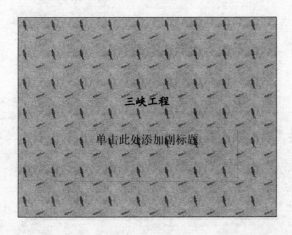

7. 请使用 PowerPoint 完成以下操作：

① 将整个 PowerPoint 文档应用设计模板"欢天喜地"。

② 在第 1 张幻灯片中添加文本"中国元旦由来"，并设置其字体为"华文行楷"、"36 磅"。

③ 为第 1 张幻灯片内的图片添加超链接，链接到网址"www.baidu.com"。

④ 设置第 1 张幻灯片中的图片的进入动画效果为"展开"。

⑤ 删除第 2 张幻灯片中文本框格式中的"自选图形的文字换行"。

⑥ 在最后 1 张幻灯片后面插入 1 张新幻灯片，内容版式为"空白"，设置所有幻灯片切换效果为"垂直百叶窗"、"中速"。

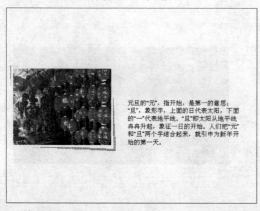

其结果如下：

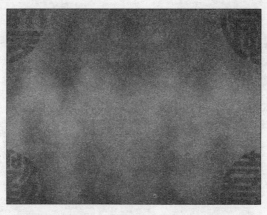

8．请使用 PowerPoint 完成以下操作：

① 设置第 1 张幻灯片的内容版式为：标题幻灯片，并设置标题内容为"健康安全地使用电脑"，并设置标题文本的字体为"楷体_GB2312"、"36 磅"，设置第 1 张幻灯片的背景纹理为"白色大理石"。

② 设置第 2 张幻灯片文本框格式的行距为：段前 0.25 行，段后 0.1 行。

③ 为第 3 张幻灯片内的文本框区域添加项目符号（项目符号为空心方块□）。

④ 设置第 4 张幻灯片中的进入图片动画效果为"飞入"。

⑤ 为第 4 张幻灯片内的文本框添加超级链接，链接到网址"www.sohu.com"。

⑥ 设置所有幻灯片切换方式为"每隔 5 秒"。

电脑操作不当可产生以下症状：双眼刺痛、视力模糊、身体疲劳、头晕头痛、腰酸背痛、四肢无力等。电脑操作是一个相对静止的工作。较长时间地保持固定姿势可使人产生疲劳的感觉。倘若这种情况得不到及时改善，久而久之，可导致人体骨骼、肌肉、韧带的损伤。

较长时间地保持固定姿势可以导致骨骼、肌肉、韧带的损伤。

尽量做到每使用一小时电脑做5分钟伸展运动。

伸展运动可以大大减少这些损伤的发生。

养成伸展的习惯。

伸展运动

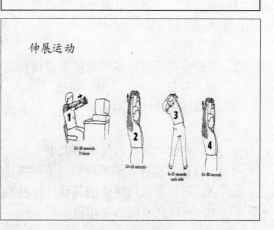

其结果如下:

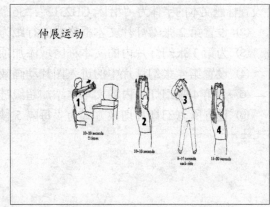

第 6 章 计算机网络基础及 Internet 应用

一、单项选择题

1. _____不属于计算机网络的资源子网。

    A. 主机   B. 网络操作系统

    C. 网关   D. 网络数据库系统

2. 反映宽带通信网络网速的主要指标是_____。

    A. 带宽   B. 带通   C. 带阻   D. 宽带

3. 在网络通信中,网速与_____无关。

    A. 网卡   B. 运营商开放的带宽

    C. 单位时间内访问量的大小   D. 硬盘大小

4. 一台计算机连入局域网后,下列描述错误的是_____。

    A. 可以获取网络中的其他计算机的共享资源

    B. 可以共享网络打印机

  C．不能限制其他计算机的共享访问

  D．可以为其他计算机提供共享资源

5．在局域网中，以文件数据共享为目标，需要将多台计算机共享的文件存放于一台被称为_____的计算机中。

  A．路由器   B．网桥   C．网关   D．文件服务器

6．下列关于网络的特点的几个叙述中，不正确的一项是_____。

  A．网络中的数据共享

  B．网络中的外部设备可以共享

  C．网络中的所有计算机必须是同一品牌、同一型号

  D．网络方便了信息的传递和交换

7．通过 ADSL 宽带上网，下列_____不是必须的。

  A．网卡   B．采集卡   C．网线   D．用户名和密码

8．在下列网络接入方式中，不属于宽带接入的是_____。

  A．电话拨号接入   B．城域网接入

  C．LAN 接入   D．光纤接入

9．和广域网相比，局域网的_____。

  A．有效性好但可靠性差   B．有效性差但可靠性好

  C．有效性好可靠性也好   D．只能采用基带传输

10．通常用一个交换机作为中央节点的网络拓扑结构是_____。

  A．总线型   B．环状   C．星状   D．层次型

11．关于局域网的叙述，错误的是_____。

  A．可安装多个服务器   B．可共享打印机

  C．可共享服务器硬盘   D．所有的共享数据都存放在服务器中

12．当网络中任何一个工作站发生故障时，都有可能导致整个网络停止工作，这种网络的拓扑结构为_____结构。

  A．星状   B．环状   C．总线型   D．树状

13．星型拓扑结构的优点是_____。

  A．结构简单   B．隔离容易

  C．线路利用率高   D．主节点负担轻

14．通常说的百兆局域网的网络速度是_____。

  A．100 MBps（B 代表字节） B．100 Bps（B 代表字节）

  C．100 Mbps（b 代表位）   D．100 bps（b 代表位）

15．家庭计算机申请了账号并采用拨号方式接入 Internet 后，该机_____。

  A．拥有 Internet 服务商主机的 IP 地址 B．拥有独立 IP 地址

  C．拥有固定的 IP 地址   D．没有自己的 IP 地址

16．在网络传输中，ADSL 采用的传导介质是_____。

  A．同轴电缆 B．电磁波   C．电话线   D．网络专用电缆

17．某上网用户要拨号上网，_____不是必需的。

A. 上网账号　　　 B. 电话线　　　　 C. 调制解调器　 D. 路由器

18. 调制解调器的作用是_____。

A. 控制并协调计算机和电话网的连接　　 B. 负责接通与电信局线路的连接

C. 将模拟信号转换成数字信号　　　　　 D. 实现模拟信号与数字信号相互转换

19. 局域网的硬件组成有_____、用户工作站、网络设备、传输介质四部分。

A. 网络协议　　　　　　　　　　　　　 B. 网络操作系统

C. 网络服务器　　　　　　　　　　　　 D. 路由器

20. 在局域网络通信设备中，集线器又称集中器，是多口中继器，集线器分有源和无源两种，有源集线器是具有_____的作用。

A. 再生信号　　　　　　　　　　　　　 B. 管理多路通信

C. 放大信号　　　　　　　　　　　　　 D. 以上三项都是

21. 某计算机的 IP 地址是 192.168.0.1，其属于_____地址。

A. A 类　　　　　 B. B 类　　　　　 C. C 类　　　　　 D. D 类

22. 目前网站所用的 IP 地址的二进制位数是_____。

A. 32 位　　　　　 B. 24 位　　　　　 C. 16 位　　　　　 D. 8 位

23. URL 地址中的 HTTP 协议是指_____，在其支持下，WWW 可以使用 HTML 语言。

A. 文件传输协议　　　　　　　　　　　 B. 计算机域名

C. 超文本传输协议　　　　　　　　　　 D. 电子邮件协议

24. 以下网址中，_____不符合 WWW 网址书写规则。

A. www.163.com　　　　　　　　　　　 B. www.nk.cn.edu

C. www.863.org.cn　　　　　　　　　　 D. www.tj.net.jp

25. 目前 IP 地址一般分为 A、B、C 三类，其中 C 类地址的主机号占_____二进制位，因而一个 C 类地址网段内最多有 250 余台主机。

A. 16 个　　　　　 B. 8 个　　　　　 C. 4 个　　　　　 D. 24 个

26. Internet 中，FTP 指的是_____。

A. 用户数据协议　　　　　　　　　　　 B. 简单邮件传输协议

C. 超文本传输协议　　　　　　　　　　 D. 文件传输协议

27. 在 Internet 中，通过_____将域名转换为 IP 地址。

A. Hub　　　　　 B. WWW　　　　　 C. BBS　　　　　 D. DNS

28. 在 Internet 中，能让许多用户在一起交流信息的服务是_____。

A. BBS　　　　　 B. WWW　　　　　 C. 索引服务　　 D. 以上三者都不是

29. 在 Internet Explorer 浏览器中，"收藏夹"收藏的是该_____。

A. 网站的地址　　　　　　　　　　　　 B. 网站的内容

C. 网页地址　　　　　　　　　　　　　 D. 网页内容

30. 点击 IE 工具栏中"刷新按钮"，下面说法正确的是_____。

A. 可以更新当前显示的网页

B. 可以中止当前显示的传输，返回空白页面

C. 可以更新当前浏览器的设定

D. 以上说法都不对

31. 使用 IE 的_____菜单可以把自己喜欢的网址记录下来以便下次直接访问。

   A. 状态栏 　　　　B. 地址栏 　　　　　　C. 导航条 　　　　　D. 收藏夹

32. 在 IE 浏览器中，通过"工具"菜单中的_____可以将安徽教育网设置为浏览器主页。

   A. Internet 选项 　　　　　　　　　　B. 管理加载项

   C. Windows Update（U） 　　　　　D. 开发人员工具（L）

33. 下列关于搜索引擎的叙述中，错误的是_____。

   A. 搜索引擎是一种程序

   B. 搜索引擎能查找网址

   C. 搜索引擎是用于网上信息查询的搜索工具

   D. 搜索引擎所搜到的信息都是网上的实时信息

34. 在 Internet 上下载文件通常使用_____功能。

   A. E-mail 　　　B. FTP 　　　　　　C. WWW 　　　　　D. TELENET

35. 电子邮件标识中带有一个"别针"，表示该邮件_____。

   A. 设有优先级 　　　　　　　　　　B. 带有标记

   C. 带有附件 　　　　　　　　　　　D. 可以转发

36. 某学校电子邮箱 school@cpcw.com 中，在@之前的 school 是收件人的名字，在@之后是_____。

   A. 网域名 　　　B. 邮局名 　　　　　C. 地名 　　　　　D. 无意义

37. 下列对电子邮箱的描述正确的是_____。

   A. 进入电子邮箱须输入用户名和密码

   B. 电子邮箱是建立在用户的计算机中

   C. 所有电子邮箱都是免费申请的

   D. 电子邮箱必须针对某一固定电脑

二、多项选择题

1. 下列网络设备中，用于局域网连接的设备有_____。

   A. Modem 　　　B. 网卡 　　　　　C. Hub 　　　　　D. 交换机

2. 目前，互联网接入方式有_____。

   A. ADSL 接入 　　　　　　　　　　B. ISDN 接入

   C. 光纤接入 　　　　　　　　　　　D. 拨号接入

3. 在下列关于计算机网络协议的叙述中，错误的有_____。

   A. 计算机网络协议是网络用户之间签订的法律文书

   B. 计算机网络协议是上网人员的道德规范

   C. 计算机网络协议是计算机信息传输的标准

   D. 计算机网络协议是实现网络连接的软件总称

4. 在下列关于防火墙的叙述中，正确的有_____。

   A. 防火墙是硬件设备

   B. 防火墙将企业内部网与其他网络隔开

  C. 防火墙禁止非法数据进入

  D. 防火墙增强了网络系统的安全性

5. 电子邮件服务器需要的两个协议是_____。

  A. POP3 协议   B. SMTP 协议   C. FTP 协议   D. MAIL 协议

6. OSI 参考模型中的最低两层是_____。

  A. 数据链路层   B. 物理层   C. 网络层   D. 传输层

7. 计算机网络中常用的有线传输媒体有_____。

  A. 双绞线   B. 同轴电缆   C. 光纤   D. 红外线

8. 以下 IP 地址中属于 A 类地址的有_____。

  A. 128. 0. 3. 12   B. 127. 255. 255. 255

  C. 192. 168. 0. 34   D. 118. 22. 0. 22

9. 用户对收到的邮件可以进行的操作有_____。

  A. 保存   B. 转发   C. 删除   D. 群发

10. 下列叙述中正确的是_____。

  A. Internet 上的域名由域名系统 DNS 统一管理

  B. WWW 上的每一个网页都可以加入收藏夹

  C. 每个 E-mail 地址在 Internet 中是唯一的

  D. 每个 E-mail 地址中的用户名在该邮件服务器中是唯一的

第 8 章   信息（数据）安全

一、单项选择题

1. 关于计算机病毒的传播途径，错误的说法是_____。

  A. 使用来历不明的软件   B. 通过电子邮件

  C. 软盘混合存放   D. 通过网络传输

2. 文件型病毒传染的对象主要是_____类文件。

  A. DBF 和.DAT   B. .TXT 和.DOT

  C. .COM 和.EXE   D. EXE 和.BMP

3. 下列 4 项中，不属于计算机病毒特征的是_____。

  A. 潜伏性   B. 传染性   C. 激发性   D. 免疫性

4. 2008 年网络上十大危险病毒之一“QQ 大盗”，属于_____。

  A. 文本文件   B. 木马   C. 下载工具   D. 聊天工具

5. 微软公司发布“安全补丁”防范“尼姆达”病毒，该病毒主要攻击对象是_____。

  A. Windows 2000   B. Windows XP

  C. Windows 98   D. Windows 95

6. 蠕虫病毒攻击网络的主要方式是_____。

  A. 修改网页   B. 删除文件

C．造成拒绝服务   D．窃听密码

7．木马病毒的主要危害是_____。

    A．潜伏性   B．隐蔽性

    C．传染性   D．内外勾结窃取信息并破坏系统

8．目前使用的防病毒软件的作用是_____。

    A．查出任何已感染的病毒   B．查出并清除任何病毒

    C．清除已感染的任何病毒   D．查出已知名的病毒，清除部分病毒

9．防止 U 盘感染病毒的有效方法是_____。

    A．对 U 盘进行写保护   B．对 U 盘进行分区

    C．保护 U 盘的清洁   D．不要与有病毒的 U 盘放在一起

10．计算机病毒会造成_____。

    A．CPU 的烧毁   B．磁盘驱动器的物理损坏

    C．程序和数据的破坏   D．磁盘存储区域的物理损伤

11．"口令"是保证系统安全的一种简单有效的方法，一个比较安全的"口令"最好是_____。

    A．用自己的姓名拼音

    B．用有规律的单词

    C．混合使用字母和数字，且有足够的长度

    D．电话号码

12．目前电子商务应用范围广泛，电子商务的安全保障问题主要涉及_____等。

    A．加密

    B．防火墙是否有效

    C．数据被泄露或篡改、冒名发送、未经授权擅自访问网络

    D．身份认证

13．以下描述中，网络安全防范措施不恰当的是_____。

    A．不随便打开未知的邮件

    B．计算机不连接网络

    C．及时升级杀毒软件的病毒库

    D．及时修复操作系统的安全漏洞（打补丁）

14．网络"黑客"是指_____。

    A．总在夜晚上网的人

    B．在网上恶意进行远程信息攻击的人

    C．不花钱上网的人

    D．匿名上网的人

15．为了保证内部网络的安全，下面的做法中无效的是_____。

    A．制定安全管理制度   B．在内部网与因特网之间加防火墙

    C．给使用人员设定不同的权限   D．购买高性能计算机

16．由于硬件故障、系统故障，文件系统可能遭到破坏，所以需要对文件进行_____。

A．备份　　　　B．海量存储　　　　C．增量存储　　　D．镜像

17．为了数据安全，一般为网络服务器配备的 UPS 是指_____。

A．大容量硬盘　　　　　　　　B．大容量内存

C．不间断电源　　　　　　　　D．多核 CPU

二、多项选择题

1．下列属于计算机病毒特征的有_____。

A．免疫性　　　　B．潜伏性　　　　C．激发性　　　　D．传染性

2．关于计算机病毒，下列叙述正确的有_____。

A．计算机病毒不会对计算机硬件造成危害

B．计算机病毒是一种程序

C．防止病毒感染的有效方法是使用正版软件

D．传染病毒最常见的途径是使用软盘来传递数据

3．关于计算机病毒，下列叙述不正确的有_____。

A．反病毒软件通常滞后于新病毒的出现

B．反病毒软件总是超前于病毒的出现，可以查、杀任何种类的病毒

C．感染过病毒的计算机具有对该病毒的免疫性

D．计算机病毒不会危害计算机用户的健康

4．下列关于计算机病毒的说法，不正确的有_____。

A．计算机病毒是一段程序，但是对计算机是无害的

B．计算机病毒是对人体有害的传染病

C．计算机病毒是一段 MIS 程序

D．计算机病毒是一个能通过自身复制传染，起破坏作用的计算机程序

5．若发现某软盘已经感染病毒，下述处理方法中不正确的是_____。

A．将该软盘报废

B．换一台计算机再使用该软盘上的文件

C．将该软盘上的文件拷贝到另一片上使用

D．用杀毒盘清除该软盘的病毒

6．下列关于计算机病毒的说法，不正确的是_____。

A．是计算机发生故障时产生的

B．是对人体有危害的病毒

C．是计算机对人体有危害的射线

D．是人特制的一种计算机程序

第三篇

考试大纲

全国高等学校（安徽考区）计算机水平考试
《大学计算机基础》（111）教学（考试）大纲

一、课程基本情况

课程名称：大学计算机基础
课程代号：111
考核对象：非计算机专业（本、专科）学生
学　　时：总学时数 40～80　　上机实验学时数 30～40
考试安排：每学年两次考试，一般安排在学期末期
考试方式：上机
考试时间：90 分钟

教学目标：

《大学计算机基础》是一门介绍计算机基础知识及常用应用软件的课程，是高校学生必修的一门公共基础课程。

随着知识经济和信息社会的发展，掌握计算机的应用已经变得非常重要。作为 21 世纪的新型人才，应用计算机是大学生素质、知识、能力中不可缺少的重要组成部分。《大学计算机基础》课程作为高等院校计算机系列课程中的基础课程，使学生掌握计算机基础知识和基本操作，为学生继续学习计算机的其他课程奠定基础。

教学参考：

本课程的教学环节主要包括：课堂讲授、上机实验、实验报告、考试等。其中，课堂讲授环节应多采用启发式的教学方法，避免灌输式的教学方法。要采用现代化的教学手段，将黑板、计算机、多媒体课件、投影仪及肢体语言有机地结合起来，吸引学生的注意力，提高讲课效果。为学生提供参考书目录、习题集、多媒体课件等资料辅助教学，提高学习效果。在实验环节中，根据课程进度上机实验，完成相应的实验内容。

二、课程内容与考核目标

第1章　计算机基础知识

（一）课程内容与教学目标

信息技术基础知识；计算机起源与发展、计算机的分类、计算机应用领域、存储程序工作原理。

计算机系统、硬件、软件以及其发展情况，计算机硬件的基本组成，计算机软件的分类及特点，程序设计语言及语言处理程序的基本概念。

字、字节、位的概念；不同进制数的表示，不同进制数整数间的相互转换；ASCII 码和汉字编码的基本常识；多媒体相关概念。

微型计算机的基本概念及硬件组成；CPU、内存、RAM、ROM、Cache、适配器、总线的含义；磁盘驱动器与磁盘；常见输入、输出设备；微型计算机的主要技术指标；电子商务、电子政务、常用工具软件等。

（二）考核知识点与要求

信息及信息技术的概念、特征和分类，我国的信息化建设进展；计算机的特点、分类、元器件、应用领域（现代应用）；计算机系统构成、主要技术指标、工作原理、指令与程序；数制与编码；计算机硬件组成；计算机软件；多媒体的概念和特征、多媒体硬件组成、CD-ROM 及其分类、声卡；数据库及数据库管理系统；常用工具软件。

（三）考核目标（大纲的重点内容）

1．了解信息及信息技术的特征、分类和发展。

2．了解计算机的发展简史、特点、应用领域、性能指标。

3．理解计算机系统的硬件组成及其功能；系统软件、应用软件、程序设计语言、语言处理程序、数据库及数据库管理系统的概念。

4．掌握计算机硬件系统的基本结构和工作过程；二进制的概念，二进制数与十进制、十六进制、八进制数之间的转换；基本术语及概念：位、字节、字长、容量、内存空间、微处理器、微型计算机、微型计算机系统；计算机软件的分类。

5．各进制数之间转换的简单应用。

6．了解计算机应用相关知识：电子商务的基本知识、电子政务的基本知识、常用工具软件。

（四）实践环节（针对重点知识点的上机操作所对应的目的和要求）

1．认识计算机的主机及显示器，了解微型计算机键盘结构、功能以及鼠标的使用方法。

2．掌握计算机的开机、关机操作步骤；掌握正确的键盘操作指法和按键姿势。

3．熟练使用键盘进行英文录入。

第 2 章 Windows XP 操作系统

（一）课程内容与教学目标

操作系统的基本概念。

微机操作系统的发展，常用微机操作系统及特点。

Windows 操作系统的特点、运行环境、安装方法、启动与关机；Windows 的桌面、开始菜单、应用程序、鼠标的基本操作、剪贴板的使用；窗口、对话框和控件、快捷方式的使用；我的电脑、资源管理器、回收站及其应用；文件、文件夹相关概念及操作；控制面板、附件的使用；多媒体概念、多媒体计算机。

中文输入法的选择；汉字输入；中、英文输入法的切换，常用符号的输入。

（二）考核知识点与要求

操作系统的作用与分类；Windows 操作系统的用户界面；资源管理器、文件及文件管理、磁盘管理；附件；Windows 控制面板的使用：显示器、鼠标、添加硬件、添加或删除程序、网络设置等；多媒体软件组成；常用的媒体播放软件、数据表示与数据压缩、多媒体文件格式、数据压缩的格式。

（三）考核目标（大纲的重点内容）

1. 了解 Windows XP 操作系统的安装、特点、运行环境、启动和关机方法。

2. 理解使用各种"帮助"功能。

3. 掌握 Windows XP 的基本操作、文件管理、磁盘管理、环境设置和系统配置。

4. 应用 Windows XP 操作系统，并能正确解决实际问题。

5. 理解使用 Windows XP 系统中的多媒体软件。

（四）实践环节（针对重点知识点的上机操作所对应的目的和要求）

1. 了解 Windows XP 的启动、关机及"帮助"的使用。

2. 掌握 Windows XP 的"开始"按钮、桌面、任务栏、窗口和菜单的基本操作；掌握文件和文件夹的操作方法；初步掌握 Windows XP "附件"中的常用应用程序的使用。

3. 熟练掌握在"我的电脑"或"资源管理器"中对文件和文件夹进行相关操作的方法；学会使用"控制面板"进行相关系统设置；熟练掌握一种中文输入法，通过键盘进行中文录入。

第 3 章　　文字处理软件 Word 2003

（一）课程内容与教学目标

Word 的启动和退出，窗体组成及各部分功能；视图、文档、模板、段落、样式、域、公式域、对象、浮动式对象、嵌入式对象、图文框、环绕排版、软回车、硬回车等基本概念。文档的基本操作；建立文档、文档命名及保存，把当前文档另存为其他类型的文档；通过模板建立文档、设置文档打开的路径、选择被打开文档的类型；插入点的移动、选定正文的方法、选定文本的编辑；查找和替换操作。

文档格式化的基本方法；字体、字形、字号的设置；文字颜色的设置、字符间距和缩放比例的设置等；段落的概念，段落缩进，段落间距；对齐方式，行距、固定行距和最小行距；样式的概念，更改和建立新样式的方法。

表格处理的基本方法；建立表格，表格线的格式化处理；单元格，单元格的合并和拆分，表格的行高和列宽设置，插入和删除列；表格数据的编辑，数据格式，单元格内容对齐方式设置，设置和修改单元格的计算公式；单元格地址，单元格地址范围；公式域的组成；方向指示词在公式中的作用。

对象处理与页面设置；图表、数学公式、图片的插入与修改；图片制作；对象的插入、选定、编辑，对象格式的设置，为对象添加题注、边框、底纹；页面设置；分栏排版；页码编制；打印预览与打印。

（二）考核知识点与要求

Word 主窗口、视图、文档的保存；文档内容输入、选定、复制、移动、查找和替换；字符格式、段落格式、页面设置、文本框、图形、表格操作。

（三）考核目标（大纲的重点内容）

1. 了解 Office 软件的安装，Word 的启动和退出，Word 窗口组成及各部分功能。

2. 理解视图、文档、模板、段落、样式、域、对象、图文框、环绕排版、软回车、硬回车等基本概念。

3．掌握文字、段落、页面、表格、图形的操作方法、打印机设置等。

4．学会应用 Word 进行文档的编辑和排版，解决实际问题。

（四）实践环节（针对重点知识点的上机操作所对应的目的和要求）

1．了解 Word 2003 的启动和退出；窗口结构；视图之间的切换、工具栏的加载、卸载方法。

2．掌握文字、段落、页面、图形和表格的操作方法。

3．能熟练使用 Word 2003 进行文字录入、表格和对象的插入，文档的编辑、排版和打印。

第 4 章 电子表格处理软件 Excel 2003

（一）课程内容与教学目标

Excel 的启动与退出，窗口的组成及各部分功能，工作簿、工作表、单元格和单元格区域的概念及关系。

创建工作表，不同数据类型的输入和显示；公式和函数的使用，运算符的种类，单元格的引用；批注的使用；工作簿的打开、保存及关闭；工作表的管理；单元格行高和列宽的设置；编辑、移动和复制单元格中的数据；单元格、行、列的插入和删除；行、列的隐藏、恢复和锁定；查找与替换。

工作表中字体和数字格式设置，数据的对齐方式设置，工作表标题设置；底纹和边框的设置；格式、样式的使用。

建立 Excel 数据库的数据清单，数据编辑、排序和筛选；数据的分类汇总及透视图。图表的建立与编辑，图表格式设置；在工作表中插入图片和艺术字；页面设置、插入分页符、打印预览、打印工作表。

超级链接与数据交换的使用。

（二）考核知识点与要求

数据表、数据库、数据库管理系统、数据库的类型、关系数据库概念；Excel 功能、特点、单元格、工作表、工作簿、单元格地址；单元格数据的输入、单元格格式设置；公式的创建与复制、单元格的引用、常用函数的使用；数据清单及图表的使用。

（三）考核目标（大纲的重点内容）

1．了解数据库的基本概念。

2．理解 Excel 的功能、特点、单元格、工作表、工作簿、单元格地址。

3．掌握电子表格软件 Excel 的应用，学会处理简单的电子表格。

4．学会应用 Excel 处理表格和数据，解决实际问题。

（四）实践环节（针对重点知识点的上机操作所对应的目的和要求）

1．了解 Excel 的窗口结构；理解工作簿、工作表、单元格、单元格引用、单元格地址等基本概念。

2．掌握不同数据的输入及编辑方法；工作表的制作及编辑方法；公式和常用函数的使用方法；图表的制作及编辑方法，数据清单的使用方法。

3．能熟练使用 Excel 2003 制作工作表、正确使用函数和公式进行数据计算，并根据数据建立并编辑图表。

第5章　演示文稿处理软件 PowerPoint 2003

（一）课程内容与教学目标

演示文稿概述；演示文稿的基本操作；动画及超链接技术；演示文稿的放映；演示文稿的打包及打印。

（二）考核知识点与要求

演示文稿的创建与格式化；动画和超链接技术；演示文稿的放映。

（三）考核目标（大纲的重点内容）

1．了解演示文稿的基本知识。

2．掌握动画及超链接技术。

3．掌握演示文稿处理软件 PowerPoint 2003 的操作与应用。

4．学会应用 PowerPoint 2003 制作幻灯片。

（四）实践环节（针对重点知识点的上机操作所对应的目的和要求）

1．了解 PowerPoint 2003 的运行环境和功能。

2．掌握演示文稿的建立及编辑；掌握演示文稿的格式化；掌握幻灯片的动画技术及超链接技术；掌握 PowerPoint 演示方法。

3．熟练使用 PowerPoint 2003 建立包含有动画、超链接和切换效果的演示文稿，并掌握演示放映方法。

第6章　计算机网络基础及 Internet 应用

（一）课程内容与教学目标

计算机网络的产生与发展、计算机网络的定义、计算机网络的功能；计算机网络的硬件组成、资源子网与通信子网；计算机网络的拓扑结构、计算机网络的分类；局域网、组建寝室对等网的组建。

Internet 的起源与发展、Internet 提供的服务；IP 地址、域名、Internet IP 地址的分配与管理，URL；Internet 在中国的发展，Chinanet、Cernet、Csrnet 和 ChinaGBnet；Internet 的连接方式、IE（Internet Explorer）浏览器的使用、阅读与使用新闻组；收发电子邮件（Outlook Express）；文件下载，FTP 协议；制作、发布网页；网络安全知识。

衡量计算机通信质量的指标，调制与解调的概念；WWW 中的术语（超文本、超文本传输协议、主页、浏览器）；常见的连接 Internet 的方式。

（二）考核知识点与要求

计算机网络的基本概念、分类、服务和功能；局域网的组成与应用；Internet 的基本概念和接入方式；Internet 的应用；电子邮件的管理。

（三）考核目标（大纲的重点内容）

1．了解 Internet 的基本知识。

2．理解网络安全的重要性。

3．掌握计算机网络的定义、组成及分类；掌握浏览器及电子邮件的使用。

4．简单应用浏览器查询信息、下载文件、收发电子邮件。

（四）实践环节（针对重点知识点的上机操作所对应的目的和要求）

1．了解网络适配器、TCP/IP 等协议和驱动程序的安装及功能。

2．掌握 IE 浏览器的使用；IE 选项的设置；收藏夹的管理和搜索引擎的使用；查找资料及下载方法；电子邮件的使用。

3．学会使用浏览器进行网页浏览及信息检索，能够进行文件下载、收发邮件等操作。

第 7 章　网页制作软件 FrontPage 2003

（一）课程内容与教学目标

网页制作软件的概述；网站的建立；网页制作的基本知识；设计网页；网站的发布。

（二）考核知识点与要求

创建网站；在网页中添加元素；发布网站。

（三）考核目标（大纲的重点内容）

1．了解 FrontPage 2003 基本知识。

2．理解网页的元素：文本、图像、表格、超级链接、表单、框架结构等。

3．掌握网页设计的操作与应用。

4．学会应用 FrontPage 2003 设计和发布网站。

（四）实践环节（针对重点知识点的上机操作所对应的目的和要求）

1．了解 FrontPage 2003 的运行环境和功能。

2．掌握网页的建立和编辑方法；掌握网页元素的格式化方法；掌握网站的创建和发布技术。

3．学会使用 FrontPage 2003 建立网页，并能演示发布网站。

第 8 章　信息（数据）安全

（一）课程内容与教学目标

信息安全的概述；信息安全技术；计算机病毒与防治；职业道德及相关法规。

（二）考核知识点与要求

1．系统与数据安全，安全隐患的种类，保证数据安全的措施。

2．网络安全，Internet 的安全、黑客相关知识。

3．计算机病毒知识，病毒的概念、种类、危害。

4．计算机教育的职业道德。

5．国家有关计算机安全的法规。

（三）考核目标（大纲的重点内容）

1．了解信息（数据）安全的基本概念及目前常用的主要安全技术。

2．理解计算机职业道德和行为规范。

3．掌握确保信息（数据）安全的防范措施、计算机病毒防护的方法。

4．学会简单应用计算机病毒防护的方法。

（四）实践环节（针对重点知识点的上机操作所对应的目的和要求）

掌握确保信息（数据）安全的防范措施、计算机病毒防护的方法。

第 9 章　程 序 设 计

（一）课程内容与教学目标

程序设计的基本概念；程序设计思想；算法和数据结构。

（二）考核知识点与要求

程序设计的基本概念；常用算法和程序设计方法（查找、线性数据结构）。

（三）考核目标（大纲的重点内容）

1. 了解计算机程序设计的一般过程、常用的程序设计语言。

2. 理解算法和数据结构概念，掌握查找算法和线性数据结构。

3. 理解面向过程和面向对象的程序设计思想。

4. 简单应用常用算法编程解决实际问题。

三、考试说明

修完本课程的学生，可以参加全国高等学校（安徽考区）计算机水平考试：一级（大学计算机基础）。

考试方式： 无纸化上机操作

考试时间： 90 分钟

考试题型： 单项选择题、多项选择题、打字题、操作题

四、题型及样题

考试时间 90 分钟，主要测试信息技术、计算机技术的基础知识及操作系统、文字编辑、电子表格等应用软件的综合应用能力，以测试实际操作能力为主。机试由各考点自主安排，但必须在安徽省教育招生考试院规定的时间内完成。

题型	题数	单元分值	题目说明	总分值
单项选择题	30	30		
多项选择题	5	10		
打字题	1	10	290 字左右	
Windows 操作题	1	8		
Word 操作题	1	18		
Excel 操作题	1	14		
PowerPoint 操作题	1	10		

一级上机考试样卷

一、单选题

1. 现在常常在报纸或电视上看到 IT 行业的消息，这里所提到的"IT"指的是_____。

 A. 信息 B. 信息技术 C. 通信技术 D. 感测技术

2. 邮局利用计算机对信件进行自动分拣的技术是_____。

 A. 机器翻译 B. 自然语言理解

 C. 过程控制 D. 模式识别

3. 计算机之所以能实现自动工作，是由于计算机采用了_____原理。

 A. 布尔逻辑 B. 程序存储与程序执行

 C. 数字电路 D. 集成电路

4. 下面的数值中，_____只可能是十进制数的表达形式。

 A. 1011 B. 128 C. 74 D. 12A

5. 在微型计算机内部，汉字"安徽"一词占_____字节。

 A. 1 B. 2 C. 3 D. 4

6. 计算机硬件系统由_____组成。

 A. 主机和系统软件 B. 硬件系统和软件系统

 C. CPU、存储器和 I/O D. 微处理器和软件系统

7. 在微机的性能指标中，内存条的容量通常是指_____。

 A. RAM 的容量 B. ROM 的容量

 C. RAM 和 ROM 的容量之和 D. CD-ROM 的容量

8. 以下关于 CD-ROM 和硬盘的比较，正确的是_____。

 A. CD-ROM 同硬盘一样可以作为计算机的启动系统盘

 B. 硬盘的容量一般都比 CD-ROM 容量小

 C. 硬盘同 CD-ROM 都能被 CPU 正常地读写

 D. 硬盘中保存的数比 CD-ROM 稳定。

9. 显示器的分辨率一般用_____表示。

 A. 能显示多少个字符 B. 能显示的信息量

 C. 横向点数×纵向点数 D. 能显示的颜色数

10. 在 FrontPage 2003 中，表格的单元边距是指 _____。

 A. 表格内单元格与单元格之间的距离

 B. 表格的外边框与内部单元格间的距离

 C. 单元格内文字与单元格边框的距离

 D. 单表格外边框与内部文字间的距离

11. 要想提高利用键盘进行打字的速度，用户应当学会_____。

 A. 看着键盘按键 B. 拼音输入法

 C. 触觉按键（盲打） D. 使用专业打字键盘

12. 程序在计算机中是通过_____形式体现出的。
    A. 地址　　　　　　B. 指令　　　　　　C. 文件　　　　　　D. 程序

13. 结构化程序设计方法中的三种基本结构为_____。
    A. 顺序、选择和循环　　　　　　　　B. 模块、过程和函数
    C. 当型、直到型和过程　　　　　　　D. 顺序、选择和转向

14. AutoCAD 软件，按软件分类应属于_____。
    A. 系统软件　　　　　　　　　　　　B. 应用软件
    C. 操作系统　　　　　　　　　　　　D. 数据库管理系统

15. 按一般操作方法，下列关于 Windows XP 桌面图标的叙述，错误的是_____。
    A. 所有图标都可以重命名　　　　　　B. 所有图标都可以重新排列
    C. 所有图标都可以删除　　　　　　　D. 桌面图标样式都可更改

16. 在 WindowsXP 系统中进入"MS-DOS 方式"后，如需返回 WindowsXP，应键入_____命令。
    A. Down　　　　　　B. Quit　　　　　　C. Exit　　　　　　D. Delete

17. 在 Windows XP 中配置打印机，若某打印机图标带有"√"则表示该打印机_____。
    A. 正处于打印工作状态　　　　　　　B. 是系统默认打印机
    C. 现在不可用　　　　　　　　　　　D. 是本地打印机

18. 在 Word 2003 窗口中有若干工具栏，_____都可以隐藏起来。
    A. 除了"常用"工具栏，其余的工具栏
    B. 除了"格式"工具栏，其余的工具栏
    C. 除了"符号"工具栏，其余的工具栏
    D. 所有的工具栏

19. 在 Word 2003 的编辑文档中选取对象后，按下 Delete 键，则可以删除_____。
    A. 插入点所在的行　　　　　　　　　B. 插入点及其之前的所有内容
    C. 所选对象　　　　　　　　　　　　D. 所选对象及其后的所有内容

20. 在下列 Excel 2003 选项中，属于对"单元格"绝对引用的是_____。
    A. D4　　　　　　　B. &D&4　　　　　　C. $D4　　　　　　D. D4

21. 在 Excel 2003 工作表中，已知 C2、C3 单元格的值均为 0，在 C4 单元格中输入"C4=C2+C3"，则 C4 单元格显示的内容为_____。
    A. C4=C2+C3　　B. TRUE　　　　　　C. 1　　　　　　　D. 0

22. 在 PowerPoint 2003 中，如果希望在演示过程中结束幻灯片放映，则可随时按_____键结束放映。
    A. Delete　　　　　B. Ctrl+E　　　　　C. Shift+E　　　　D. Esc

23. 计算机网络中的服务器是指_____。
    A. 32 位总线的高档微机
    B. 具有通信功能的 PII 微机或奔腾微机
    C. 为网络提供资源，并对这些资源进行管理的计算机
    D. 具有大容量硬盘的计算机

24. 下列 4 个网络属于局域网的是_____。

    A. 因特网   B. 校园网

    C. 上海热线   D. 中国教育网

25. 下列 IP 地址中，不合法的是_____。

    A. 122.19.11.1   B. 19.2.111.1

    C. 127.127.127.127.127   D. 255.0.0.1

26. 浏览器的标题栏显示"脱机工作"则表示_____。

    A. 计算机没有开机

    B. 计算机没有连接因特网

    C. 浏览器没有连上网站服务器

    D. 以上说法都不对

27. 当一封电子邮件发出后，收件人一直没有开机接收邮件，则该邮件将_____。

    A. 退回   B. 重新发送

    C. 丢失   D. 保存在 ISP 的 E-mail 服务器上

28. 目前多媒体关键技术中不包括_____。

    A. 数据压缩技术   B. 神经元技术

    C. 视频处理技术   D. 虚拟技术

29. 下列方法中，被认为是最有效的安全控制方法是_____。

    A. 关闭隐藏   B. 文件加密

    C. 限制对计算机的物理接触   D. 数据加密

30. 计算机在正常操作情况下，以下_____现象可以怀疑计算机已经感染了病毒。

    A. COMMAND.COM 文件长度明显增加   B. 打印机不能走纸

    C. 硬盘转动时发出响声   D. 显示器变暗

二、多选题

1. 对微型机系统有下列描述，其中正确的是_____。

    A. CPU 负责管理和协调计算机系统各个部件的工作

    B. 主频是衡量 CPU 处理数据快慢的重要指标

    C. CPU 可以存储大量的信息

    D. CPU 负责存储并执行用户的程序

2. 在 Word 2003 中，下列关于"首字下沉"命令的说法中正确的是_____。

    A. 可根据需要调整下沉行数

    B. 最多可下沉三行

    C. 可悬挂下沉

    D. 可根据需要调整下沉文字与正文的距离

3. 在 Excel 2003 中，图表文字包括的内容有_____。

    A. 公式计算   B. 图例计算

    C. 图表标题   D. 数据标识

4. 下列关于 PowerPoint 2003 的表述错误的是_____。

　　A．幻灯片一旦制作完毕，就不能调整次序

　　B．不可以将 Word 文稿制作为演示文稿

　　C．无法在浏览器中浏览 PowerPoint 文件

　　D．将打包的文件在没有 PowerPoint 软件的计算机上安装后可以播放演示文稿

5．在网页制作中，可以作为超级链接的对象的有＿＿＿＿＿＿。

　　A．文本　　　　　　　B．图片　　　　　C．热点　　　　D．声音

三、打字题

　　数据处理也称为非数值计算，是指对大量的数据进行加工处理（如统计分析、合并、分类等）。使用计算机和其他辅助方式，把人们在各种实践活动中产生的大量信息（文字、声音、图片、视频等）按照不同的要求，及时地收集、存储、整理、传输和应用。与科学计算不同，数据处理涉及的数据量大，数据处理是现代化管理的基础，它不仅应用于处理日常的事务，且能支持科学的管理与企事业计算机辅助管理与决策。以一个现代企业为例，从市场预测、经营决策、生产管理到财务管理，无不与数据处理有关。实际上，许多现代应用仍是数据处理的发展和延伸。

四、Windows 操作题

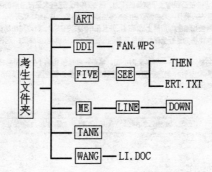

操作要求：

（警告：考生不得删除考生文件夹下与试题无关的文件或文件夹，否则将影响考生成绩）

（1）将考生文件夹下 WANG 文件夹中的文件 LI.DOC 属性设置为只读；

（2）将考生文件夹下 ME\LINE 文件夹中的文件夹 DOWN 删除；

（3）将考生文件夹下 FIVE\SEE 文件夹中的文件 RET.TXT 复制 FIVE\SEE\THEN 文件夹中；

（4）在考生文件夹下 ART 文件夹中建立一个新文件夹 GVIN；

（5）将考生文件夹下 DDI 文件夹中的文件 FAN.WPS 移动到考生文件夹下 TANK 文件夹中，更名为 TTR.WRI。

五、Word 操作题

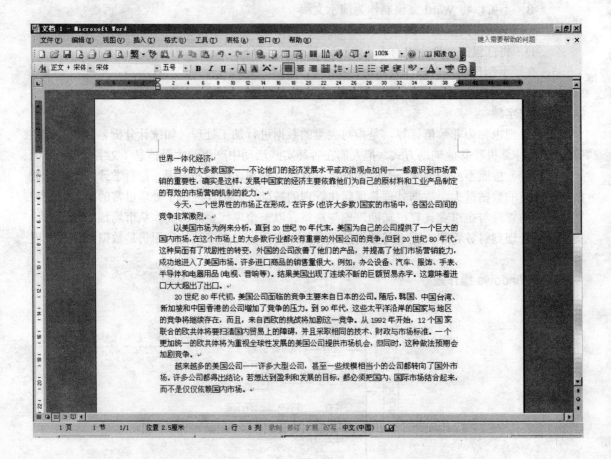

请根据以上文档完成以下操作：

（1）将标题"世界一体化经济"居中，字体设为黑体 3 号字，蓝色；

（2）将第 1 段首字"当"下沉 2 行，字体改为隶书，距正文 0.3 cm；

（3）将全文的"美国"两字替换成"America"；

（4）将纸张大小设为 16 开，页边距上下分别为 2 cm、2 cm，左右分别为 1 cm、1 cm；

（5）将第 2 自然段字体设置为仿宋，三号字；

（6）将第 3 自然段分为两栏，栏宽相等，栏间距为 1 cm；

（7）添加页眉为"世界一体化经济"，右对齐；

（8）在正文后创建一个 3 行×4 列的表格，并将表头依次输入内容："学生证号、姓名、班级、联系电话"。

六、Excel 操作题

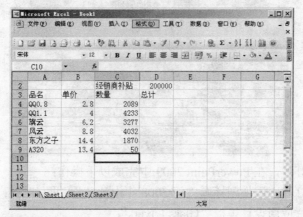

请在 Excel 2003 中完成以下操作：

（1）为标题行（A1:D1）设置红色底纹，白色文字；

（2）将单价区域（B4:B9）格式设置为数值，保留两位小数位；

（3）计算总计（总计=单价*数量+经销商补贴）；

（4）将所有数值区域（A3:D9）按总计降序排列；

（5）将工作表 Sheet1 重命名为"奇瑞汽车销售情况分析"；

（6）选择品名和总计两列制作饼图。

七、PowerPoint 操作题

根据 3 张新建幻灯片，在 PowerPoint 2003 中完成以下操作：

（1）在第 1 张幻灯片中添加副标题"记 2008 年中秋节"，并右对齐；

（2）为全部幻灯片应用设计模板"Glass Layers"；

（3）在第 1 张幻灯片后添加 1 张新幻灯片；

（4）在插入的幻灯片应用"垂直排列标题与文本"版式；

（5）将最后 1 张幻灯片的标题设置"百叶窗"的动画；

（6）设置最后 1 张幻灯片的切换方式为"盒状收缩"。

【上机样题参考答案】

一、单选题

1～5	BDBBD	6～10	CAACB	11～15	CCABC
16～20	CBDCD	21～25	ADCBC	26～30	CDBDA

二、多选题

1. ABD 2. ACD 3. BCD 4. ABC 5. ABC

三、打字题

略。

四、Windows 操作题

操作步骤：

1. 在"我的电脑"或"资源管理器"中打开考生文件夹。

2. 打开 WANG 文件夹，鼠标右键单击 LI. DOC 文件，在弹出的快捷菜单中选择"属性"，弹出"文件属性"对话框，选中"只读"复选框，单击"确定"按钮，退出对话框。

3. 打开 ME\LINE 文件夹，右键单击 DOWN 文件夹，在弹出的快捷菜单中选择"删除"，在弹出的"确认文件夹删除"对话框中，单击"是"按钮。

4. 右键单击 FIVE\SEE 文件夹中的文件 RET.TXT 文件，在弹出的快捷菜单中选择"复制"，打开 FIVE\SEE\THEN 文件夹，在空白处右键单击，在弹出的快捷菜单中选择"粘贴"，即可看到粘贴后的文件。

5. 打开 ART 文件夹，在空白处右键单击，在弹出的快捷菜单中选择"新建"→"文件夹"，输入"GVIN"按 Enter 键确认。如果文件夹名不正确，可右键单击新建立的文件夹，选择快捷菜单中的"重命名"，输入"GVIN"，然后按 Enter 键确认。

6. 右键单击 DDI 文件夹中的文件 FAN.WPS 文件，在弹出的快捷菜单中选择"剪切"，打开 TANK 文件夹，在空白处右键单击，在弹出的快捷菜单中选择"粘贴"，右键单击所粘贴的文件，在弹出的快捷菜单中选择"重命名"，输入"TTR.WRI"，按 Enter 键确认。

以上操作步骤中，主要采用的是右键单击对象，利用快捷菜单执行命令，也可以选定对象后，通过主菜单中的菜单命令完成。

五、Word 操作题

操作步骤如下：

（1）

① 拖动鼠标选中标题；

② 选择菜单"格式"→"字体"命令；

③ 在"字体"对话框中的"中文字体"框中选择"黑体"、"字号"框中选择"三号"、"字体颜色"框中选择"蓝色"，单击"确定"按钮；

④ 单击"格式"工具栏中的"居中"按钮。

（2）

① 拖动鼠标选中第一段；

② 选择菜单"格式"→"首字下沉"命令，打开"首字下沉"对话框；

③ 在"位置"中选择"下沉"，在"选项"下的"字体"框中选择"隶书"、"下沉行数"中设置"2"、"距正文"中设置"0.3 cm"，然后单击"确定"按钮。

（3）

① 选择菜单"编辑"→"替换"命令；

② 在"查找和替换"对话框中单击"替换"选项卡，在"查找内容"框中输入"美国"、"替换为"框中输入"America"；

③ 单击"全部替换"按钮。

（4）

① 选择菜单"文件"→"页面设置"命令；

② 在"页面设置"对话框中单击"页边距"选项卡，在"上"和"下"设置框中均设定为 2 cm、"左"和"右"设置框中均设定为 1 cm；

③ 在"页面设置"对话框中选择"纸张"选项卡，在"纸张大小"框中选择"16 开"，单击"确定"按钮。

（5）

① 拖动鼠标选中第二段；

② 选择菜单"格式"→"字体"命令，选择"字体"选项卡；

③ 在字体选项卡中的"中文字体"框中选择仿宋、"字号"框中选择三号，单击"确定"按钮。

（6）

① 拖动鼠标选中第三段；

② 选择菜单"格式"→"分栏"命令；

③ 在分栏对话框中"预设"选择"两栏"项、"栏数"设置为"2"、"宽度和间距"下的"间距"设置为"1"；单击"确定"按钮。

（7）

① 选择菜单"视图"→"页眉和页脚"命令；

② 在页眉区输入"世界一体化经济"；

③ 单击格式工具栏中的"右对齐"按钮，单击"页眉和页脚"工具栏中的"关闭"按钮。

（8）

① 移动光标，至文档结尾；

② 单击"常用"工具栏中"插入表格"按钮；

③ 拖动鼠标自左至右，选取 3 行、4 列后释放鼠标左键；

④ 依次在表头输入"学生证号、姓名、班级、联系电话"。

六、Excel 操作题

操作步骤如下：

（1）① 选择标题行区域 A1:D1，在单元格格式多选卡中选择图案选项卡

② 在单元格底纹中选择黄色

③ 在单元格格式多选卡中选择字体选项卡，在颜色中设置白色

（2）① 选中单元格区域 D4:D9

② 按鼠标右键，在弹出快捷菜单中选择设置单元格格式

③ 在单元格格式多选卡中选择数字选项卡，在分类中选择数值选项，设置小数位数

（3）① 选择 D4 单元格，输入公式"=B4*C4"，按 Enter 键

② 选择 D4 单元格，按住复制柄拖曳到 D9

（4）① 选择数值区域（A3:D9）

② 在数据菜单中选择排序项，在主要关键字列表框中选择总计，再点击降序单选钮

（5）双击当前工作表标签，输入"奇瑞汽车销售情况分析"，按 Enter 键

（6）选择单元格区域 A3:A9、G3:G9，插入图表，选择饼图样式

七、PowerPoint 操作题

操作步骤：

（1）在第 1 张幻灯片中 "单击此处添加副标题"的占位符上单击输入"记 2005 年中秋节"；单击占位符边框选中占位符，选择菜单"格式"→"对齐方式"→"右对齐"命令；

（2）选择菜单"格式"→"幻灯片设计"命令，在"应用设计模板"窗格中选中"Glass Layers"模板，单击"确定"按钮；

（3）在普通视图左侧的大纲窗格中，单击选中第 1 张幻灯片，选择菜单 "插入"→"新幻灯片"命令；

（4）将光标定位到插入的幻灯片，选择菜单"格式"→"幻灯片版式"命令，在弹出的菜单中选择"垂直排列标题与文本"（第 3 行第 2 列）；

（5）在最后 1 张幻灯片中选中标题文本框，选择菜单"幻灯片放映"→"自定义动画"命令，设置"添加效果"的"进入"类型为"百叶窗"方式；

（6）将光标定位到最后 1 张幻灯片内，选择菜单"幻灯片放映"→"幻灯片切换"命令，在弹出的对话框中设置切换方式为"盒状收缩"，单击"应用"按钮；

（7）保存所作操作并退出 PowerPoint。

第四篇

考试练习系统

全国高等学校（安徽考区）计算机水平考试
一级最新题库练习系统介绍

全国高等学校（安徽考区）计算机水平考试一级最新题库练习系统（也称计算机应用基础练习系统）在练习时无须输入准考证号，没有考试时间限制，可随时查看答案及得分。练习系统中使用的练习题是在安徽省教育厅组织的专家建立的基础题库中精选而来的，既可自动组卷，也可选择成套的试题进行练习。因此，本练习系统也是考试的模拟系统。

一、练习系统的安装

练习系统对计算机的硬件要求不高，Windows XP 系统运行正常的计算机均可以安装使用。软件需要安装 MS Office 应用软件（可典型安装或完全安装）。

练习系统安装程序是一个自解压安装文件，打开光盘，在光盘"安徽省高等学校计算机水平考试一级最新题库练习系统"文件夹下，双击"计算机应用基础练习系统安装.exe"文件，默认解压到"D:\计算机应用基础练习系统"文件夹中，或自定义解压目录，解压到其他目录中。解压后双击所安装的目录下的"计算机应用基础练习系统.exe"即可使用。

二、练习试题类型及分值分布

试题类型共有 7 种，不同题型及其内容的具体分值分布见表 1。

表 1　练习题型分值分布

题型	内容		题数	分值
单选题	基础知识 数制与编码 硬件知识 软件知识 Windows	Word Excel 网络知识 多媒体知识 信息安全与病毒知识	30	每题 1 分 计 30 分
多选题	基础知识 数制与编码 硬件知识 软件知识 Windows	Word 网络知识 病毒知识 多媒体知识	5	每题 2 分 计 10 分
打字题	测试文字录入的速度和准确率，时间定为 15 分钟 （约 290 个汉字）		1	计 10 分
Windows 操作	Windows XP 系统的使用和各种操作命令		1	计 8 分

续表

题型	内容	题数	分值
Word 操作	MS Word 2003 文字处理软件	1	计 18 分
Excel 操作	MS Excel 2003 电子表格处理软件	1	计 14 分
PowerPoint 操作	MS PowerPoint 2003 演示文稿	1	计 10 分

三、练习系统的使用

1．运行练习系统

打开解压安装后的目录，双击"计算机应用基础练习系统 .exe"，启动练习系统，出现如图 1 所示界面，在列表框中选择练习试题，单击"开始练习"按钮开始练习。

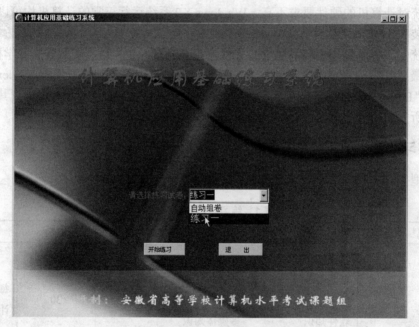

图 1　选择试题窗口

自动组卷是指在题库中按组题策略随机生成一套练习试题，每次自动组卷的试题是不同的。其他成套试题如"练习一"是指已组好的成套的练习试题，是固定不变的。练习时可先选择已组好的成套练习试题，再选择自动组卷的练习试题。

开始练习后，系统将在练习系统所在的目录下建立"练习文件夹"，练习时对文件的操作都在"练习文件夹"中进行。

2．练习系统的组成

本练习系统分客观题（单选题、多选题）、打字题、操作题三部分。

3．客观题练习

单击主界面的"客观题"按钮，打开客观题练习窗口，如图 2 所示。在左边树形框中选择试题，右边窗格答题，树形框中会以不同图标显示试题状态（未答、已答、正在答题），在答题区选择试题答案。单击"答案"按钮，可查看参考答案。

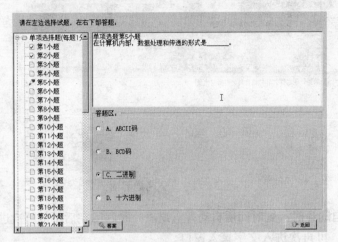

图 2　客观题练习窗口

4．操作题界面

操作题包括 Windows 操作和 Office 软件操作，单击主界面中的"操作题"按钮，打开如图 3 所示的操作题主窗口，该窗口总是在所有窗口的最前面，便于操作文档，窗口上有 4 个标签按钮，对应不同的试题，如单击"Word"标签按钮，窗口中显示"Word"操作题试题，同时右边显示"打开 Word 文档"按钮，单击该按钮，可打开试题对应的 Word 文档练习。在做题时，可随时单击"评分"按钮查看当前试题得分信息，如图 4 所示。

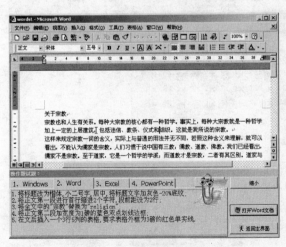

图 3　Word 操作题界面

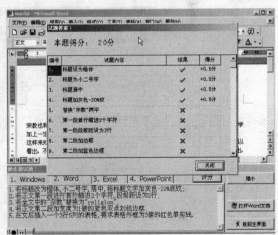

图 4　Word 操作题评分

5．打字题界面

在系统主界面中单击"打字题"按钮，进入汉字录入考题界面，如图 5 所示。汉字录入要求在规定的 15 分钟内输入 290 个左右汉字，测试汉字录入的速度和准确率。

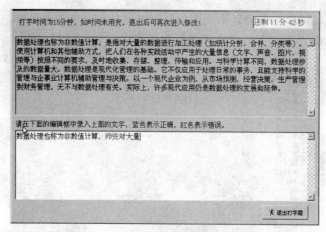

图5　汉字录入考题界面

　　文字录入窗口自动计时，到时间后自动存盘退出，时间用完后不能再次进入文字录入窗口，如打字时间未用完，可再次进入文字录入窗口。

　　窗口上部显示测试文本，在下面的文本框中录入测试文本，在录入过程中，录入文字会以不同颜色（红色表示录入错误、蓝色表示录入正确）显示，在有些输入法录入时，可能不能正确地用颜色来表示录入是否正确，需要用键盘将文字光标从前移到后，即可修正颜色显示。系统在窗口显示打字剩余的时间。

　　6. 结束练习

　　单击主界面"评分"按钮，系统将自动评分，最后显示如图6所示得分窗口，单击"结束练习"按钮退出系统。

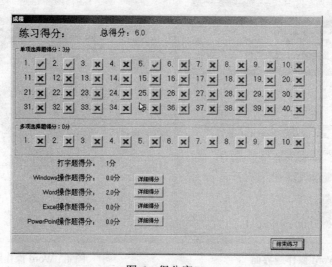

图6　得分窗口

附录　模拟练习题参考答案

第1章　计算机基础

一、单项选择题

1. D	2. C	3. B	4. A
5. D	6. D	7. D	8. D
9. C	10. D	11. C	12. D
13. D	14. B	15. A	16. B
17. D	18. D	19. D	20. A
21. C	22. B	23. B	24. B
25. B	26. D	27. D	28. B
29. B	30. A	31. B	32. C
33. D	34. A	35. D	36. D
37. B	38. D	39. A	40. B
41. A	42. A	43. D	44. D
45. C	46. C	47. C	48. D
49. D	50. B	51. B	52. A
53. B	54. A	55. C	56. A
57. A	58. D	59. B	60. A
61. A	62. A	63. C	64. D
65. D	66. C	67. B	68. D
69. D	70. C	71. B	72. C
73. C	74. A	75. A	76. B
77. D	78. D	79. B	80. B
81. A	82. A	83. A	84. A
85. A	86. D	87. A	88. A
89. B	90. C	91. C	92. A
93. B	94. B	95. D	96. C
97. D	98. C	99. B	100. A
101. C	102. D	103. B	104. D
105. B	106. B	107. C	108. D
109. A	110. C		

二、多项选择题

1. ABCD	2. BCD	3. ABC	4. ACD

5. AC　　　　　6. AC　　　　　7. ACD　　　　8. AC

9. BC　　　　　10. ABCD

第 2 章　Windows XP 操作系统

一、单项选择题

1. C	2. B	3. B	4. B
5. D	6. B	7. B	8. B
9. D	10. B	11. C	12. A
13. A	14. A	15. D	16. C
17. B	18. C	19. B	20. C
21. C	22. A	23. B	24. B
25. A	26. D	27. D	28. C
29. B	30. C		

二、多项选择题

1. ABC	2. ACD	3. ACD	4. BCD
5. ABD	6. AC	7. ABCD	8. ABD
9. ABCD	10. ABC		

第 3 章　文字处理软件 Word 2003

一、单项选择题

1. D	2. C	3. C	4. B
5. A	6. A	7. D	8. B
9. B	10. A	11. C	12. B
13. D	14. D	15. C	16. A
17. B	18. D	19. D	20. A

二、多项选择题

1. ABCD	2. ACD	3. BCD	4. ABD
5. BCD	6. AD	7. ABD	8. ACD
9. AC	10. ABCD	11. ABCD	12. ABD
13. ABC	14. ABCD	15. BD	16. AC
17. ABCD	18. ACD	19. AC	20. ABD

第 4 章　电子表格处理软件 Excel 2003

一、单项选择题

1. D	2. C	3. A	4. C
5. A	6. C	7. A	8. D
9. B	10. D	11. C	12. A
13. A	14. D	15. B	16. B

17. D	18. B	19. D	20. D
21. C	22. C	23. D	24. B
25. A	26. A	27. D	28. B
29. D	30. B	31. B	32. D
33. D	34. C	35. B	36. C
37. D	38. B	39. B	

二、多项选择题

1. AB	2. AB	3. AC	4. ABCD
5. AD	6. BD	7. ABC	8. AB
9. ABCD	10. ABCD		

第 5 章 演示文稿制作软件 PowerPoint 2003

一、单项选择题

1. A	2. A	3. B	4. B
5. C	6. D	7. B	8. B
9. D	10. B	11. C	12. B
13. A	14. C	15. B	16. A
17. C	18. C	19. B	20. A
21. B	22. B	23. B	24. B
25. D	26. C	27. B	28. B
29. B	30. B	31. B	32. B
33. A	34. A	35. A	36. B
37. D	38. B	39. B	40. C

二、多项选择题

1. ABCD	2. ACD	3. BD	4. AB
5. ABC	6. AC	7. AC	8. ABC
9. AC	10. AB	11. CD	12. BD
13. AD	14. ABC	15. AD	

第 6 章 计算机网络基础及 Internet 应用

一、单项选择题

1. C	2. A	3. D	4. C
5. D	6. C	7. B	8. A
9. C	10. C	11. D	12. B
13. C	14. C	15. B	16. C
17. D	18. D	19. C	20. D
21. C	22. A	23. C	24. B
25. B	26. D	27. D	28. A

29. C	30. A	31. D	32. A
33. D	34. B	35. C	36. A
37. A			

二、多项选择题

1. BCD	2. ABCD	3. ABD	4. BCD
5. AB	6. AB	7. ABC	8. BD
9. ABCD	10. ABCD		

第 8 章　信 息 安 全

一、单项选择题

1. C	2. C	3. D	4. B
5. C	6. C	7. D	8. D
9. A	10. C	11. C	12. C
13. B	14. B	15. D	16. A
17. C			

二、多项选择题

1. BCD	2. BCD	3. BC	4. ABC
5. ABC	6. ABC		